现代电子工艺教程

武 丽 余 耀 巫君杰 曾蕙明 裴晓芳 主编

合肥工业大学出版社

内 容 简 介

本教材的内容具有"全而新"的特点,突出教学内容和课程体系的改革,注重归纳共性和总结规律,启发和引导学生的创新思维。

本书围绕现代电子工艺,循序渐进地介绍了相关理论知识和实践操作。理论部分,本书介绍了现代电子技术中常见的元器件封装、印制电路板的制作、焊接材料、表面安装技术的原理与设备等基础知识;实践部分,本书提供了详细的步骤引导读者进行印制电路板的计算机辅助设计、钻孔和雕刻,表面安装设备的操作和若干创新电子系统设计等。本书是编者在应用型本科高校电子信息类专业教学实践经验的基础上,本着"实用、够用、好用"的原则编写而成,可作为高等院校电子信息类、自动化类等专业的电子实训教材,也可供从事相关工作的科技人员学习参考。

图书在版编目(CIP)数据

现代电子工艺教程/武丽,余耀,巫君杰等主编 . —合肥:合肥工业大学出版社,2023.8
ISBN 978 - 7 - 5650 - 6377 - 0

Ⅰ.①现…　Ⅱ.①武…　②余…　③巫…　Ⅲ.①电子技术—教材　Ⅳ.①TN

中国国家版本馆 CIP 数据核字(2023)第 130076 号

现代电子工艺教程
XIANDAI DIANZI GONGYI JIAOCHENG

武 丽　余 耀　巫君杰　曾蕙明　裴晓芳　主编　　　责任编辑　刘 露

出　版	合肥工业大学出版社	版　次	2023 年 8 月第 1 版
地　址	合肥市屯溪路 193 号	印　次	2023 年 8 月第 1 次印刷
邮　编	230009	开　本	787 毫米×1092 毫米　1/16
电　话　编　辑　部：0551 - 62903005		印　张	10.25
营销与储运管理中心：0551 - 62903198		字　数	237 千字
网　址	http://press. hfut. edu. cn/	印　刷	安徽昶颉包装印务有限责任公司
E-mail	hfutpress@163. com	发　行	全国新华书店

ISBN 978 - 7 - 5650 - 6377 - 0　　　　　　　定价：42.00 元

如果有影响阅读的印装质量问题,请与出版社营销与储运管理中心联系调换。

前　言

　　电子信息产业是我国经济的战略性、基础性和先导性支柱产业。近年来,我国电子信息产业规模效益稳步提升,营业收入常年稳居工业第一,为经济社会发展提供了重要保障。我国电子信息行业发展尽管取得了长足进步,但是在产业链、供应链上仍有很多短板和缺失,也就是所谓的"卡脖子"环节。例如,在高端芯片、基础材料、核心软件等领域,我国仍明显落后于国际先进水平。

　　电子信息产业属于人才密集型产业,电子信息产业的竞争实质上是人才的竞争。提升人才的硬实力是保障电子信息产业高质量发展的重要举措。无锡学院电子信息工程学院立足当地产业发展需求,积极推进产教融合协同育人模式,与行业龙头企业共建创新实践基地,开发了一系列产教融合课程。在产教融合课程中,实践性教学环节的比重大幅提高,以期培养出更多实践能力过硬、创新意识突出、综合素质优秀的应用型本科人才,适应企业的持续发展。

　　在此背景下,本书介绍了现代电子工艺中常见电子元器件封装、印制电路板的设计与制作、表面安装技术的原理与设备、相关设备的操作和若干常见电子系统的设计等。本书内容属于传统的电子制造业,却难言过时。以现代电子工艺中的表面安装技术为例,过去几十年来,作为一种先进的电子制造技术,表面安装技术在消费电子、医疗设备、通信设备中得到了广泛应用。表面安装技术的发展与普及使得电子产品体积越来越小、功能越来越强、价格越来越低,逐渐成为世界电子整机组装技术的主流。

　　本书内容安排上由浅到深、循序渐进,各章彼此独立,又前后关联,构成一个有机的整体,读者在本书中查阅专业资料时可轻松定位到相关章节。本书图文并茂,语言简洁,通俗易懂。通过学习,读者很容易重复本书实践部分的操作。读者既可以通过此书迅速掌握印刷电路板的版图设计,也可在学院实验室独立完成印刷电路板的钻孔、雕刻和单面板表面安装元件的贴装等内容。更进一步地,读者也可以完成从电路设计、器件选型、版图绘制、印制电路板的加工、元器件的安装焊接检查等一整套流水线任务,提高综合思维能力。

　　特别感谢本书各编者家人对各位编者的理解和支持。感谢无锡学院郭业才教授对本书的指导和关心。感谢无锡华文默克仪器有限公司为本书编写提供大量的资料和素材。

本书的出版得到了 2022 年国家一流本科专业(电子信息工程)"十四五"江苏省重点学科(电子科学与技术)和江苏省一流专业暨江苏省产教融合型品牌专业(电子科学与技术)等建设项目的大力支持,在此表示衷心感谢!

由于编者水平和经验有限,书中难免存在一些纰漏和不足之处,恳请专家、同行、读者不吝赐教。对本书的任何意见和建议,敬请发送邮件至 wuli@cwu.edu.cn,我们会在后续的印刷或再版环节及时纠正、改进。

作　者

2023 年 3 月

目 录

003

第 1 章　常见电子元器件

电子线路在物理上由不同种类和参数的电子元器件按照一定的连接方式组合形成。电子元器件的功能、种类、性能、价格、应用范围，都对设计电路的功能、性能、可靠性及成本产生直接影响。因此，在设计硬件电路过程中，只有充分了解包括电阻、电容、电感、二极管、三极管、集成电路芯片等在内的常见电子元器件，掌握其封装形式、主要参数、种类特点，才能在硬件电路设计阶段科学、规范地完成元器件选型，实现预期电路及其目标。

1.1　常见电子元器件的封装形式

现代电子信息技术的飞速发展，正极大地推动各类电子整机向多功能、高性能、高可靠、便携化及低成本方向发展。其中，在各种电子整机的轻、薄、短、小型化、便携化和可靠性等方面起到关键制约作用的是电子封装。电子封装是一项基础制造技术，各类工业产品（家用电器、计算机、通信、医疗、航空航天、汽车等）的控制部分无不是由微电子元件、光电子元件、射频与无线元件及微机电系统等通过电子封装与存储、电源及显示器件相结合进行制造。

封装的概念比较广泛，一般认为有以下三重含义。首先，它可以指芯片级封装，即在半导体圆片进行裂片以后，将一个或多个集成电路芯片用适宜的封装形式组合安装起来，并使芯片的焊区与封装的外引脚之间用引线键合、载带自动键合和倒装芯片键合连接起来，使之成为有实用功能的电子元器件或组件。其次，它可以指板级封装，即将已经封装好的芯片、常用电子元器件产品通过通孔安装技术（through – hole technology，THT）、表面安装技术（surface – mount technology，SMT）或芯片直接安装技术（direct chip attach technology，DCAT）等手段安装至印制电路板或其他基板上，成为部件或整机。最后，它还可以理解为系统级封装，即将板级封装的部件或产品通过选层、互连插座或柔性电路板与母板进行连接，形成三维立体封装，构成完整的整机系统。在本书中，重点关注的是电子元器件与印制电路板（printed circuit board，PCB）的连接与安装，它们涉及的主要是板级封装。

电子产品是由各种电子元器件组装形成的。尽管元器件的种类规格繁多，但其封装形式总是可以归纳为以下两类。

（1）直插式元器件，也称插装式元器件，是指元器件电气信号从引脚引线引出，通过将引线插入 PCB 的通孔，并焊接实现元器件在 PCB 上的安装和固定。典型的直插式元器件主要有晶体管外形（transistor outline，TO 型）封装、单列直插式（single in – line package，SIP 型）封装、双列直插式（double in – line package，DIP 型）封装和针栅阵列（pin grid array，PGA 型）封装等，如图 1-1 所示。

（2）表贴式元器件，是指元器件仅与印制电路板顶层或底层的焊盘接触。几种典型的表贴式元器件主要有片状元器件、小外形晶体管（small outline transistor，SOT）封装、无引脚芯片载体（leadless chip carrier，LCC）封装和球栅阵列（ball – grid array，BGA）封装等，如图 1-2 所示。

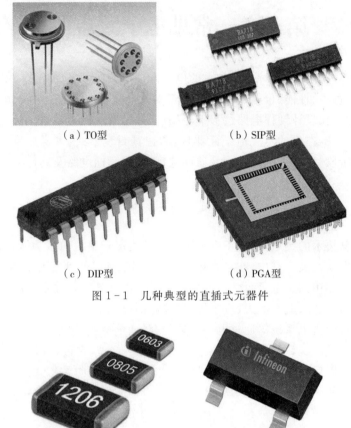

（a）TO型　　　　　　　　　（b）SIP型

（c）DIP型　　　　　　　　（d）PGA型

图 1-1　几种典型的直插式元器件

（a）0603/0805/1206型片状元器件　　　　　（b）SOT23型

（c）LCC型　　　　　　　　（d）BGA型

图 1-2　几种典型的表贴式封装

　　本章后续内容将对常见的电子元器件按封装形式分类，分别介绍其封装外形、尺寸等，从而让读者对其有一个感性认识。

1.2　电阻器

　　电子在物体内做定向运动时会遇到阻力，这种阻力称为电阻。具有一定电阻作用的元器件称为电阻器（resistor），也简称为"电阻"。电阻有以下特征：物体阻值 R 与其长度 L 成正比，与其横截面积 S 成反比，用公式表示为 $R=\rho L/S$，式中的比例系数 ρ 称为物体的电阻系数或者电阻率(resistivity)，与电阻材料的性质有关，在数值上等于单位长度单位面积的物体在 20 ℃时所具有的电阻值大小。

电阻的种类很多，从构成材料上可分为金属膜电阻器、金属氧化膜电阻器、碳膜电阻器等类型；从阻值是否改变上分为固定电阻和可变电阻两大类；从封装类型上分为直插式电阻和贴片电阻两大类，每一大类又可细分为诸多小类。本节将从封装外形和尺寸来介绍固定电阻中的轴向封装电阻、贴片电阻和排阻。

1.2.1　轴向封装电阻

轴向封装电阻是插入式电阻器，形状为圆柱形，从电阻器的正两端引出的引脚线是圆柱体两端的轴向导线。还可以根据材料和工艺的不同分为绕线电阻、碳合成电阻、碳膜电阻、金属膜电阻、金属氧化物膜电阻。

首先介绍轴向封装电阻的结构和特点。

1. 绕线电阻

绕线电阻是将镍铬合金丝、康铜丝、锰铜丝等电阻丝在陶瓷管表面绕制而成的，其结构如图 1-3 所示。根据电阻计算公式可知，电阻丝绕制匝数越多，电阻体的等效长度越大，对应电阻值越大。此外，为了获得高阻值的绕线电阻，可采用电阻率较大的金属丝材料进行绕制。

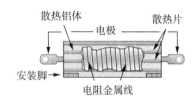

图 1-3　绕线电阻结构示意图

绕线电阻的优点是可以制作成为精密电阻，容差一般在±0.005%，并且温度系数非常低；缺点是绕线电阻的寄生电感比较大，不能用于高频信号处理领域。此外，绕线电阻的体积可以做得很大，加外部散热器，可以用作大功率电阻。

2. 碳合成电阻

碳合成电阻主要是由碳粉末和黏合剂一起烧结成的圆柱形的电阻体，其中碳粉末的浓度决定了电阻值的大小，在两端加镀锡铜引线，最后封装成型。碳合成电阻工艺简单，原材料也容易获得，所以价格最便宜。但是碳合成电阻的稳定性较差，容差比较大，不适合制备精密电阻，温度特性差，噪声也比较大。碳合成电阻耐压性能较好，由于内部可视作碳棒，基本不会被击穿导致被烧毁。碳合成电阻的结构示意图如图 1-4 所示。

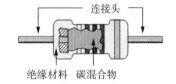

图 1-4　碳合成电阻的结构示意图

3. 碳膜电阻

碳膜电阻主要是在陶瓷棒上形成一层碳混合物膜，例如直接涂一层碳膜，碳膜的厚度和其中碳浓度可以控制电阻的大小；为了更加精确地控制电阻，可以在碳膜上加工出螺旋沟槽，螺旋越多电阻越大；最后加金属引线，树脂封装成型。碳膜电阻的工艺复杂一点，可以做精密电阻，但由于碳质的原因，温度特性不佳。碳膜电阻结构示意图如图 1-5 所示。

4. 金属膜电阻

与碳膜电阻结构类似，金属膜电阻主要是利用真空沉积技术在陶瓷棒上形成一层镍铬合金镀膜，然后在镀膜上加工出螺旋沟槽来精确控制电阻。金属膜电阻温度特性好，噪声低,精度高,可以做 E192 系列。金属膜电阻结构示意图如图 1-6 所示。

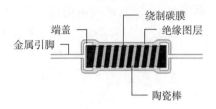

图 1-5　碳膜电阻结构示意图

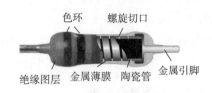

图 1-6　金属膜电阻结构示意图

5. 金属氧化物膜电阻

与金属膜电阻结构类似,金属氧化物膜主要是在陶瓷体外围形成一层锡氧化物膜,为了增加电阻,可以在锡氧化物膜上加一层锑氧化物膜,然后在氧化物膜上加工出螺旋沟槽来精确控制电阻。金属氧化物膜电阻最大的优势就是耐高温。金属氧化物膜电阻结构示意图如图 1-7 所示。

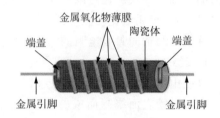

图 1-7　金属氧化物膜电阻结构示意图

另外,介绍轴向封装电阻器的参数识别与选型。

电阻的主要质量参数包括电阻标称阻值、允许误差和额定功率,了解电阻的这些特征参数,就可以合理地选用电阻。电阻的这些主要参数有两种标识方法,一种是直接用数值标出,另一种则用色环来表示。

轴向封装电阻器一般使用色标法。色标法是指利用电阻体表面不同颜色的色环标识电阻主要参数和技术性能的一种方法。色环一般采用 4 色环和 5 色环。

普通电阻用 4 个色环表示,其中第 1、第 2 色环表示有效数字,第 3 色环表示倍乘率,第 4 色环表示误差,如图 1-8(a)所示。

精密电阻用 5 个色环表示,第 1、第 2、第 3 色环表示电阻的有效数字,第 4 色环表示倍乘率,第 5 色环表示允许误差,其中第 4、第 5 色环之间的间隔超过第 1、第 2 色环的距离,如图 1-8(b)所示。

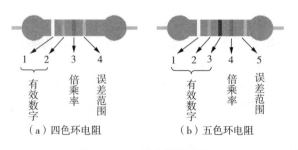

（a）四色环电阻　　　　（b）五色环电阻

图 1-8　色标电阻的标记

色标法(又称色码标识法)的规则见表1-1所列。

表1-1 色标法的规则

颜 色	第一位有效数字	第二位有效数字	第三位有效数字	倍乘率	误 差
黑	—	—	—	10^0	
棕	1	1	1	10^1	$\pm 1\%$
红	2	2	2	10^2	$\pm 2\%$
橙	3	3	3	10^3	
黄	4	4	4	10^4	
绿	5	5	5	10^5	$\pm 0.5\%$
蓝	6	6	6	10^6	$\pm 0.25\%$
紫	7	7	7	10^7	$\pm 0.10\%$
灰	8	8	8	10^8	$\pm 0.05\%$
白	9	9	9	10^9	
金	—	—	—	10^{-1}	$\pm 5\%$
银	—	—	—	10^{-2}	$\pm 10\%$
无色	—	—	—	—	$\pm 20\%$

例如,用4色环表示阻值及误差的电阻器,4个环的颜色分别为黄、绿、红、银。根据标志误差的色环颜色通常是金、银、棕,可以确定银色为最后一环。故该电阻器阻值为45×10^2 W,即4.5 kW,误差为$\pm 10\%$。

1.2.2 贴片电阻

贴片电阻(SMD resistor)是由陶瓷基片、电阻膜、玻璃釉保护层和端头电极四大部分组成的无引线结构元件,基片大部分采用陶瓷或玻璃。它具有很高的机械强度和绝缘性能。不同阻值和尺寸的贴片电阻器如图1-9所示。

贴片电阻的主要参数有尺寸、额定功率、标称阻值及允许误差,下面分别进行介绍。

图1-9 不同阻值和
尺寸的贴片电阻器

1. 尺寸及额定功率

按照工业标准,贴片电阻的尺寸分为7个标准,常用贴片电阻的主要参数见表1-2所列。它的尺寸由4个数字组成,有两种表示方法:英制及公制,目前常用的是英制代码。以0805为例:08表示电阻长度为0.08 in,05表示电阻的宽度为0.05 in。其对应的公制代码为2012,即长度为2.0 mm,宽度为1.2 mm。

表 1-2 常用贴片电阻的主要参数

尺寸代码 参数	0402(英) 1005(公)	0603(英) 1608(公)	0805(英) 2012(公)	1206(英) 3216(公)	1210(英) 3225(公)	2010(英) 5025(公)	2512(英) 6332(公)
长×宽/mm×mm	1.0×0.5	1.6×0.8	2.0×1.2	3.2×1.6	3.2×2.5	5.0×2.5	6.3×3.2
额定功率/W	1/20	1/16	1/10	1/8	1/4	1/2	1
最大工作电压/V	50	50	150	200	200	200	200

贴片电阻的额定功率和尺寸有关,两者的对应关系见表 1-2 所列。由于 0402 或 0603 小尺寸贴片电阻的功率较小,若流过的电流稍大或阻值较大,应采用 I^2R 来核算,在使用中要求实际电阻功率(计算出来的 I^2R 值)应不超过电阻额定功率的一半,以保证电阻长期稳定地工作。

2. 标称阻值及允许误差

标称阻值是指电阻器表面标识的阻值,其阻值的大小应符合国标中规定的阻值系列。目前贴片电阻器标称阻值有 E24、E48、E96 三大系列,它们表示电阻值允许的误差分别为 ±10%、±2% 和 ±1%。误差越小,电阻精度越高。E48 和 E96 系列属于高精度电阻,其存在的基本标称阻值见表 1-3 所列。

表 1-3 贴片电阻标称阻值系列

代号	E48	E96	代号	E48	E96	代号	E48	E96	代号	E48	E96
01	100	100	25	178	178	49	316	316	73	562	562
02	—	102	26	—	182	50	—	324	74	—	576
03	105	105	27	187	187	51	332	332	75	590	590
04	—	107	28	—	191	52	—	340	76	—	604
05	110	110	29	196	196	53	348	348	77	619	619
06	—	113	30	—	200	54	—	357	78	—	634
07	115	115	31	205	205	55	365	365	79	649	649
08	121	121	33	215	215	57	383	383	81	681	681
10	—	124	34	—	221	58	—	392	82	—	665
11	127	127	35	226	226	59	402	402	83	715	715
12	—	130	36	—	232	60	—	412	84	—	732
13	133	133	37	237	237	61	422	422	85	750	750
14	—	137	38	—	243	62	—	432	86	—	768
15	140	140	39	249	249	63	442	442	87	787	787

（续表）

代号	E48	E96	代号	E48	E96	代号	E48	E96	代号	E48	E96
16	143	—	40	—	255	64	—	453	88	—	806
17	147	147	41	261	261	65	464	464	89	825	825
18	—	150	42	—	267	66	—	475	90	—	845
20	—	158	44	—	280	68	—	499	92	—	887
21	162	162	45	287	287	69	511	511	93	909	909
22	—	165	46	—	294	70	—	523	94	—	931
23	169	169	47	301	301	71	536	536	95	953	953
24	—	174	48	—	309	72	—	549	96	—	976

贴片电阻的阻值范围为一般型 1 Ω～10 MΩ,低阻型 10～910 Ω。标称阻值采用数码法表示。数码法使用 3 位(或 4 位)数码表示电阻的标称阻值,其中 E24 为 3 位数码,E48、E96 为 4 位数码。读数从左到右,前 2(或 3)位为有效值,第 3(或 4)位是倍率,即表示在前 2(或 3)有效值后所加 0 的个数。例如,1542 表示在 154 的后边加两个 0,即 15400 Ω＝15.4 kΩ。

1.2.3　排阻

排阻(network resistor)是将若干个参数完全相同的电阻集中封装在一起,组合制成的。它们的一个引脚连到一起,作为公共引脚。其余引脚正常引出。所以如果一个排阻是由 n 个电阻构成的,那么它就有 $n+1$ 只引脚,一般来说,最左边的那个是公共引脚。排阻通常都有一个公共端,在封装表面用一个小白点表示。其颜色通常为黑色或黄色。排阻一般应用在数字电路上,比如:作为某个并行口的上拉电阻或者下拉电阻用。使用排阻比用若干个固定电阻更方便。图 1-10 所示为排阻的外形图。

图 1-10　排阻的外形图

1. 排阻的作用

排阻的主要作用是集成若干单一电阻,内部方式可以串联或者并联;简化 PCB 板设计、安装更加方便、保证 SMT 焊接质量、减小成套设备的体积。并且它具有阻抗匹配的优点:①负载阻抗与电源内阻的阻抗匹配;②负载阻抗与传输线阻抗的阻抗匹配;③负载阻抗与信源内阻的阻抗匹配;④满足高频电路的阻抗匹配;⑤阻抗匹配后对本级信号基本无影响。

2. 排阻识别

排阻的命名主要由五部分组成:产品型号、电路类型、管脚针数、阻值代号和误差代号。排阻命名方法见表 1-4 所列。

表1-4 排阻命名方法

产品型号	电路类型	管脚针数	阻值代号	误差代号
网络排阻(RP)	A、B、C、D、E	4~14 PIN	三位数字	F($\pm1\%$)、G($\pm2\%$)、J($\pm5\%$)

电路类型中各符号的意义：
  A——多个电阻共用一端,公共端从左端引出;
  B——每个电阻各自引出,且彼此没有相连;
  C——各个电阻首尾相连,各个端都有引出;
  D——所有电阻共用一端,公用端从中间引出;
  E——所有电阻共用一端,公用端在左右两端都有引出。

  排阻的阻值用阻值代号来表示,通常为三位数字,并且会标注到电阻体的表面。在三位数字中,从左至右的第一、第二位为有效数字,第三位表示前两位数字乘 10 的 N 次方（单位为 Ω）。如果阻值中有小数点,则用"R"表示,并占一位有效数字。例如:标示为"1R3"的阻值为 1.3 Ω;标示为"222"的阻值为 2200 Ω 即 2.2 kΩ,标示为"105"的阻值为 1 MΩ。需要注意的是,要将这种标示法与一般的数字表示方法区别开来,如标示为"220"的电阻器阻值为22 Ω,只有标示为"221"的电阻器阻值才为 220Ω。

  一些精密排阻的阻值采用四位数字加一个字母的标示方法（或者只有四位数字）。前三位数字分别表示阻值的百位、十位、个位数字,第四位数字表示前面三个数字乘 10 的 N 次方,单位为欧姆;数字后面的第一个英文字母代表误差(F=$\pm1\%$,G=$\pm2\%$,J=$\pm5\%$)。如标示为"7501F"排阻的阻值就是 $750\times10^1=7.5$ kΩ,电阻允许误差$\pm1\%$。

1.3　电容器

  电容器(capacitor)简称电容,也是一种基本电子元件,它在电路中的文字符号是英文字母 C。两个相互靠近、彼此绝缘的金属电极就能构成一个最简单的电容。两个电极间的绝缘物质称为电容的介质。电容的基本功能是储存电荷(电能)。它在电子电路中广泛运用,如在交流耦合、隔离直流、滤波、交流或脉冲旁路、RC 定时及 LC 谐振选频等电路中。电容器可分为固定电容器和可变电容器。

  固定电容器的种类有很多。按其是否有极性,可以分为无极性电容器和有极性电容器两大类。无极性电容器在电路中使用时不用区分正负极,两个引脚可以对调使用。有极性电容器相比于无极性电容器内部构造要复杂得多,并且有极性电容器有明确区分正负极。在电路连接中需要保证正极接高电位。本节将着重介绍径向封装电容和贴片电容。

1.3.1　径向封装电容

  径向封装容器的外形为扁平状,并且有两条金属引线从底部引出,和轴向引线相比,引线是从元件的同一侧引出。可以根据材料的不同分为铝电解电容、陶瓷电容、云母电容和瓷片电容。几种径向封装电容外形如图 1-11 所示。

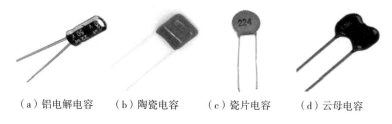

（a）铝电解电容　　（b）陶瓷电容　　（c）瓷片电容　　（d）云母电容

图 1-11　几种径向封装电容外形

1. 电容器的标称容量、允许误差和额定电压

电容器的标称容量简称电容量，电容量及允许偏差的基本含义同电阻一样，只是使用单位（电容量）与电阻不同。电容量的基本单位为 F（法拉），其含义为在 1 V 电压下，电容所能储存的电量为 1（库仑），其容量即为 1 F。但在实际使用中，F 作电容量单位往往显得太大，所以常用 mF（毫法）、μF（微法）、nF（纳法）和 pF（皮法）等小单位，它们之间的关系如下：

$$1 \text{ F} = 10^3 \text{ mF} = 10^6 \text{ }\mu\text{F} = 10^9 \text{ nF} = 10^{12} \text{ pF}$$

为了简化标称容量规格，电容器大都是按 E24、E12、E6、E3 优选系列生产的。实际上应按系列标准选购，否则可能难以获得所需电容。当然特殊规格电容例外，可专门联系定制或购买。E24～E3 系列固定电容器标称电容量和允许偏差参见表 1-5 所列。其中标称容量小于 10 pF 的无机盐介质电容，所用允许偏差一般为 ±0.1 pF、±0.25 pF、±0.5 pF、±1 pF 四种。标称容量大于 4.7 pF 的电容采用 E24 系列；标称容量小于等于 4.7 pF 的电容采用 E12 系列；精密电容和 E3 系列电容的允许偏差通常采用以下值：±0.05%、±0.1%、±0.25%、±0.5%、±1%、±2%（精密型）、−10% ～ +30%、30%、−10% ～ +50%、−20% ～ +50%、−20% ～ +80%、−20% ～ +100%。

表 1-5　E24～E3 系列固定电容器标称容量和允许偏差

系列	允许偏差	标称容量值/pF											
E24	±5%	—	1.1	1.3	1.6	2.0	2.4	3.0	3.6	4.3	5.1	6.2	7.5	9.1
		1	1.2	1.5	1.8	2.2	2.7	3.3	3.9	4.7	5.6	6.8	8.2	—
E12	±10%	1	1.2	1.5	1.8	2.2	2.7	3.3	3.9	4.7	5.6	6.8	8.2	
E6	±20%	1	—	1.5	—	2.2	—	3.3	—	4.7	—	6.8	—	
E3	>±20%	1				2.2				4.7				

额定电压通常也称作耐压，是指在允许的温度范围内，电容上可连续长期施加的最大电压有效值。电容的额定电压通常是指直流工作电压，但也有少数品种标以交流额定电压，这类电容主要专用于交流电路或交流分量大的电路中。如果电容工作于脉动电压下，则交流分量通常不得超过直流电压的百分之几至百分之十几（应随交流分量频率的增高而相应递减），且交流、直流分量的总和不得大于额定电压。所以工作在交流分量较大的电路（如整流滤波电路）中的电容，选取额定电压参数应适当放宽余量。

2. 电容器识别

1）直接表示法

直接表示法是把电容的标称容量、耐压、误差等级等直接标印在外壳上。其规定是容量若用小数点表示，则省略的单位应该是微法（μF）；若是整数，则单位是皮法（pF）。而对于几到几千微法的大容量电容器，标印单位不允许省略。另外，若容量是零点零几，常把整数位的"0"省去，例如，某电容器标称容量为"0.01 μF"，常标注为".01 μF"。

例如，瓷片电容器上标有"3"字，表示 3 pF，"4700"表示 4700 pF；而电解电容器标有"47"表示电容值为 47 μF。

2）数字符号法

数字符号法往往使用在体积较小的电容上。其具体规则是用 2～4 位数字和 1 个字母表示电容量。其中数字表示有效数值，字母表示数值的量级，即 p 表示 pF，n 表示 nF，μ 表示 μF，m 表示 mF。同时，字母还表示小数点的位置，例如，1p5 表示 1.5 pF，4 μ7 表示 4.7 μF。

3）数码表示法

数码表示法在表征小电容时也使用普遍。其具体规则是数码一般为 3 位数，从左往右，第 1、第 2 位数为有效数字，第 3 位数为倍乘位，表示有效数字后面跟的"0"的个数。数码表示法的容量单位为皮法（pF）。例如，某电容器标有 103 的字样，它表示电容量为 10×10^3 pF＝10 nF。需要另外说明的是，如果第 3 位数是"9"，则表示倍乘率为 10^{-1}，而不是 10^9。如："339"表示 33×10^{-1} pF，即 3.3 pF。

1.3.2　贴片电容

贴片电容器（SMD capacitor）也称片装电容器，其种类繁多，常用的有片状多层陶瓷电容、片状钽电容、片状电解电容器和片状微调电容。下面分别介绍前两种贴片电容。

1. 片状多层陶瓷电容

片状多层陶瓷电容又称独石电容，其外形如图 1-12 所示。它是片状电容器中用量最大、发展最为迅速的一种。根据其填充介质材料不同，可以分为Ⅰ类陶瓷电容和Ⅱ类陶瓷电容。Ⅰ类陶瓷电容特点是容量稳定性好，基本不随温度、电压、时间的变化而变化，但是容量一般较小；工作温度范围：－55～125 ℃，温度系数：0±30 ppm/℃。Ⅱ类陶瓷电容的容量稳定较差，但是容量相对较大，目前技术最大可达 6.3 V～100 mF/25 V～47 mF 的水平。几种常见的陶瓷电容材料简述如下。

图 1-12　片状陶瓷电容

（1）NPO。NPO 属于Ⅰ类陶瓷介质，其性能最稳定，基本上不随电压、时间变化，受温度变化影响也很小，是超稳定型、低损耗介质材料，适用于要求较高的高频、特高频及甚高频电路。该类电容器容量小，一般在 2200 pF 以下。

（2）X7R。X7R 属于Ⅱ类陶瓷介质，其容量随温度、电压、时间稍有改变，但变化不显著，属于稳定性电容介质材料，适用于隔直、耦合、旁路、滤波等电路，其容量范围为 0.001 pF～2.2 μF。

（3）Y5V。Y5V 属于 I 类陶瓷介质,该类材料具有很高的介电常数,适于制作容量较大的电容器,其容量随温度变化改变比较明显,抗恶劣环境能力较差,但成本较低,其容量范围为 0.001 pF ～10 μF。

片状多层陶瓷电容器的容量采用 3 位数码法表示:前 2 位为有效数字,第 3 位为"0"的个数,单位是 pF。10 pF 以下的电容则用"R"来表示小数点。例如,9R1 表示 9.1 pF;100 表示 10 pF。

对于容量小于 10 pF 的电容,允许误差用 B（±0.1 pF）、C（±0.25 pF）、D（±0.5 pF）表示;容量大于等于 10 pF 的电容,允许误差用 F（±1 pF）、G（±2 pF）、J（±5 pF）、K（±10 pF）表示。

2. 片状钽电解电容

片状钽电解电容为高性能的电解电容,因其漏电小、等效串联电阻小、高频性能优良等特点,广泛应用于通信、电子仪器、仪表、汽车电器等电子产品中。片状钽电解电容容量范围为 0.1～ 470 mF,耐压值为 I 级（±5%）、II 级（±10%）、III 级（±20%）。片状钽电解电容的外形如图 1-13 所示,电容表面标有容量和耐压值。除此之外,顶部还有一条深色线条,用于表示电解电容的正极。

图 1-13　片状钽电解电容

1.4　电感器

电感器（inductor）是能够把电能转化为磁能而存储起来的元件。电感器的结构类似于变压器,但只有一个绕组。电感器具有一定的电感,它只阻碍电流的变化。如果电感器在没有电流通过的状态下,电路接通时它将试图阻碍电流流过它;如果电感器在有电流通过的状态下,电路断开时它将试图维持电流不变。电感器又称扼流器、电抗器、动态电抗器。

电感器的特性与电容器的特性正好相反,它具有阻止交流电通过而让直流电顺利通过的特性。直流信号通过线圈时的电阻就是导线本身的电阻压降很小;当交流信号通过线圈时,线圈两端将会产生自感电动势,自感电动势的方向与外加电压的方向相反,阻碍交流电的通过,所以电感器的特性是通直流、阻交流,频率越高,线圈阻抗越大。电感器在电路中经常和电容器一起工作,构成 LC 滤波器、LC 振荡器等。另外,人们还利用电感的特性,制造了阻流圈、变压器、继电器等。

1.4.1　径向封装电感器

径向封装电感器的外形和径向设计的电容电阻相似,有两条金属引线从底部引出,和轴向引线相比,引线是从元件的同一侧引出。这种类型的电感器有时可以用作扼流圈,具体取决于功能,它们通常具有更高的电感。径向封装电感器外形如图 1-14 所示。本节将以工字电感为例来介绍其特征和尺寸。

图 1-14　径向封装电感器外形

1. 工字电感的特征

工字电感是一种外形类似于汉字"工"字的电感。它一般是一种插件电感,在工字磁芯上根据实际需要进行线圈绕制,同时引出两个引脚,最后套以热缩套管,这样就制成了工字电感。一般不同的线圈绕制厂家会有不同的绕制方式,由于工字电感可以拥有更大的体积同时磁芯选择具有多样性,因此额定电流以及电感值可以提高到需要值。因此工字电感具有高功率、高饱和性、低阻抗、高品质因数、可以自动插件等特点。

2. 工字电感的尺寸

工字电感的品名主要由以下四部分组成:①产品类型:工字型电感器;②款式:尺寸大小;③电感值:例如"101"代表 100 mH,"4R7"代表 4.7 mH;④电感值容许的误差值:"M"表示误差为±20%,"K"表示误差为±10%,"J"表示误差为±5%。工字电感外形尺寸如图1-15所示,通用的尺寸表见表1-6所列。

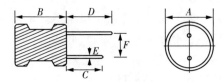

图 1-15　工字电感外形尺寸

表 1-6　工字电感通用尺寸表

规　格	A/mm	B/mm	C/mm	D/mm	E/mm	F/mm
LGB 0304	4.0	5.0	10	15	0.50	1.5
LGB 0406	5.0	7.0	10	15	0.50	2.0
LGB 0608	7.0	9.0	10	15	0.60	2.5
LGB 0810	9.0	11.0	10	15	0.60	5.0
LGB 0912	10.0	13.0	10	15	0.80	6.0
LGB 1012	11.0	13.0	10	15	0.80	6.0

1.4.2　贴片电感器

贴片电感器可分为小功率电感器和大功率电感器两类。小功率电感器结构有三种,即线绕型、多层型和高频型,主要用于视频及通信方面(如选频电路振荡电路);大功率电感器均为绕线型,主要用于 DC/AC 变换器(如用作储能元件或 LC 滤波元件)。

小功率电感器的电感量代码有 nH 和 μH 两种单位,分别用 N、R 表示小数点。例如,"4N7"表示 4.7 nH;"4R7"表示 4.7 μH;"10N"表示 10 nH,而 10 μH 则用"100"来表示。大功率电感上有时印有"680k""220k"字样,分别表示 68 μH 和 22 μH。

1. 功率线绕型片状电感器

小功率线绕型片状电感器如图 1-16 所示,它是用漆包线绕在工字形骨架上,并引出电极做成的具有一定电感量的元件,其焊接部分在骨架的底部。此种电感器的尺寸有两种表

示方法：一种是用 4 位数表示，前 2 位表示长度
（单位：mm），后 2 位表示宽度（单位：mm）；另一
种是用 6 位数表示，前 2 位表示长度（单位：
mm），后 2 位表示宽度（单位：mm），最后 2 位表
示厚度（单位：mm）。例如，252018 表示该电感器
的长度为 25 mm、宽度为 20 mm、厚度为 18 mm。

线绕型片状电感器的工作频率、电感量及品
质因数取决于骨架材料和线圈匝数。例如，采用
空心或铝骨架的电感器是高频电感器，采用铁氧
体骨架为中、低频电感器。

图 1-16　小功率线绕型片状电感器

2. 多层片状电感器

多层片状电感器是利用磁性材料、采用多层生产技术制作的无引线电感器。它采用铁
氧体膏浆及导电膏浆交替层叠并采用烧结工艺制备成整体单片结构。由于此类电感具有封
闭的磁回路，所以具有磁屏蔽作用。

该类电感器的特点有：尺寸可做得极小，最小尺寸为 11 mm× 0.5 mm× 0.6 mm；具有
很高的可靠性；由于良好的磁屏蔽，无感应器之间的交叉耦合可实现高密度装配；尺寸规范，
可用 SMT 设备自动贴装；具有极好的可焊性，并能进行波峰焊和回流焊工艺。

多层片状电感器常用的有 3 种尺寸代码：1608、2012 和 3216（公制）。1608 代码的电感
量范围是 0.047～3.3 μH；2012 代码的电感量范围是 0.047～ 47 μH；3216 代码的电感量范
围是 0.047～ 68 μH。其允许误差有±10％（K 级）和±20％（M 级）。该类电感器适用于
音频/视频设备、电话以及通信设备。

3. 高频（微波）片状电感器

高频（微波）片状电感器是在陶瓷基片上采用精密薄膜多层工艺技术制成的，其电感量
精度高（±2％、±5％），可应用于无线通信设备中。该类电感器的主要特点：寄生电容小，
自振频率高（例如，8.2 nH 的电感器，其自振频率大于 2 GHz）。标准尺寸有 1608、2012 和
3216，适合 SMT 设备自动贴装。

1.5　二极管

二极管是用半导体材料制成的一种电子器件。它具有单向导电性能，即给二极管阳极
和阴极加上正向电压时，二极管导通；当给阳极和阴极加上反向电压时，二极管截止。因此，
二极管的导通和截止，则相当于开关的接通与断开。根据结构和生产工艺的不同，二极管可
分为点接触、面接触两种基本类型。点接触型二极管的 PN 结接触面积小，正向工作电流和
反向耐压值均较小，适合在高频检波电路和开关电路中使用。面接触性二极管的 PN 结接
触面积大，结电容大，对高频信号的阻碍较大，但能够承受较大的正向电流，适合在整流电路
中使用。

根据二极管的生产材料的不同，二极管可分为锗二极管、硅二极管和其他材料（砷化镓、
碳化硅、磷砷化镓）二极管。锗二极管的正向导通压降仅为 0.2 V 左右，但反向漏电流较大，

并且温度稳定性较差,另外,锗元素在地壳中的稀缺性使得锗二极管在电路中的应用越发少见。硅二极管的正向饱和压降较大,一般为 $0.6\sim0.8$ V,反向漏电流很小,由于生产成本极低,所以硅二极管在模拟电路和数字电路中得到了广泛应用。

二极管可采用轴向封装、径向封装、贴片封装三种分装形式,如图 1-17 所示。

(a)轴向封装　　　　(b)径向封装　　　　　　　(c)贴片封装

图 1-17　常见二极管封装

1.5.1　轴向封装二极管

轴向封装二极管是管脚在两端的二极管。它属于常见的分立元器件。轴向二极管的主要应用是整流,其只允许一个方向的电流通过,有黑色或银色圆环的为阴极,另一端为阳极,如图 1-17(a)所示,该二极管功率较小,上端为阴极,下端为阳极。轴向封装二极管在收音机、计算机等电子产品有广泛应用。

1.5.2　径向封装二极管

径向封装二极管在市场中最为常见,占据的 PCB 面积小、高度大。未剪脚的径向封装二极管的长脚为正极,短脚为阴极,在工作时,发光二极管(LED)的阳极接高电位,阴极接低电位。

LED 采用的就是径向封装形式。LED 是一种常用的发光器件,通过电子与空穴复合释放能量发光,可高效地将电能转化为光能。LED 的发光强度与正向电流密切相关,发光颜色(波长)由 LED 的制造材料决定。其在现代社会具有广泛的用途,如照明、平板显示、医疗器件等。

1.5.3　贴片 LED 与贴片整流桥

贴片 LED 又称 SMD LED,是一款简易的灯具,它的发光原理就是将电流通过化合物半导体,通过电子与空穴的结合,过剩的能量将以光的形式释出,达到发光的效果。

贴片 LED 是贴于 PCB 板表面,适合 SMT 加工,可回流焊,贴片式 LED 很好地解决了亮度、视角、平整度、可靠性、一致性等问题,相对于其他封装器件,有着抗振能力强、焊点缺陷率低、高频特性好等优点。

贴片 LED 引脚极性的判断方法如下。

(1)观察二极管表面,通常二极管负极会标识注明,例如二极管负极会存在白色方块或横线这类的标识。

(2)以 0805、0603 形式封装的贴片 LED,在底部有"T"字形或倒三角形符号,"T"字横的一边是正极,三角形符号的"边"靠近的是正性,"角"靠近的是负极。

利用二极管的单向导电性把交流电变成直流电,此电路称为整流电路。整流电路通常是由两只或四只整流二极管作桥式连接,两只的为半桥,四只的则称为全桥。外部采用绝缘塑料封装而成,大功率整流桥在绝缘层外添加锌金属壳包封,增强散热性能。整流桥种类多,有扁形、圆形、方形、板凳形(分直插与贴片)等。

整流桥的主要作用是整流,调整电流方向。桥堆整流是比较好的,其内部的四个管子一般是挑选配对的,所以其性能较接近,在进行大功率的整流时,桥堆上可以装散热块,使工作性能更稳定,不同场合选择不同的桥堆,耐压值和高频特性等需同时兼顾。

整流桥电路由四只二极管和一个负载组成,其中四只二极管组成电桥电路,如图 1-18 所示。

贴片整流桥通常采用 ABS10 和 MB10F 的封装形式,两者尺寸和引脚位置稍有差别,如图 1-19 所示。

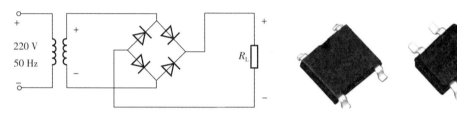

图 1-18　由四只二极管组成的整流桥电路　　　　图 1-19　贴片整流桥封装

1.6　三极管

三极管,全称为半导体三极管,也称双极型晶体管、晶体三极管,是一种控制电流的半导体器件。其作用是把微弱信号放大成幅度值较大的电信号,也用作无触点开关。三极管是半导体基本元器件之一,具有电流放大作用,是电子电路的核心元件。三极管是在一块半导体基片上制作两个相距很近的 PN 结,两个 PN 结把整块半导体分成三部分,中间部分是基区,两侧部分是发射区和集电区,排列方式有 PNP 和 NPN 两种,如图 1-20 所示。

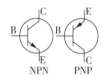

图 1-20　两种常见三极管类型

三极管种类繁多,封装差异较大。三极管的封装形式是指三极管的外形参数,也就是安装半导体三极管用的外壳。材料方面,三极管的封装形式主要有金属、陶瓷和塑料形式;结构方面,三极管的封装形式为"TO×××",其中"×××"表示三极管的外形;装配方式有直插式(通孔式)、贴片式(表贴式)和直接安装;引脚形状有长引线直插、短引线或无引线贴装等。

1.6.1　直插式封装

引脚插入式封装(through-hole mount)。此封装形式有引脚出来,并将引脚直接插入 PCB 中,再通过浸锡法进行波峰焊接,以实现电路连接和机械固定。常用三极管的封装形式有 TO92、TO126、TO3、TO220 等。

TO220封装是一种快恢复二极管常采用的直插式的封装形式,其中 TO 英文是 transistor outline 的缩写。TO220 为单排直插,可以引出 3 个脚,如图 1-21 所示,在中/大功率三极管中应用得较多。TO220 全包(塑封)产品可以实现散热片和外部的电器绝缘;半包(铁封)产品的散热效果则更好,封装上方带孔的金属散热片可以连接至外置的大型散热片,增加了工作期间的散热通道,均衡了电路的热特性。这两种外形的选择可以满足电路灵活设计和使用条件的不同需求。

TO92 封装主要用于小功率直插式三极管,封装图如图 1-22 所示。

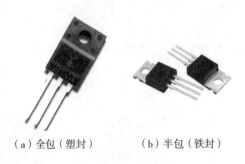

(a) 全包(塑封)　　(b) 半包(铁封)

1—发射机极 e;2—基极 b;3—集电极 c。

图 1-21　TO220 封装　　　　　图 1-22　TO92 封装

1.6.2　表贴式封装

表贴式三极管(SMD transistor)在电子电路中的应用十分广泛,它的封装形式很多,常见的有 SOT23、SOT223、TO252等,如图 1-23 所示。普通的三极管一般采用 SOT23 封装形式,功耗为 150 ～ 300 mW,属于小功率管。大功率三极管采用 SOT223 封装形式,其芯片粘贴在一块较大的铜片上,以增加散热能力,此种三极管的功率为 0.3~2 W。

(a) SOT23封装　　　　(b) SOT223封装

图 1-23　表贴式三极管

1.7　集成电路芯片

集成电路(integrated circuit,IC)芯片是采用微电子工艺技术,把一个电路中需要的电子元件如电阻、二极管、三极管等制作在一小块半导体或介质基片上形成的一种微型电子器件。集成电路芯片具有体积小、功耗低、可靠性高的特点,是现代电子电路的重要组成部分。

集成电路芯片的封装是指将芯片在框架或基板上布局、粘贴固定、连接,引出接线端子并通过塑封固定,构成整体立体机构的工艺,主要有双列直插式(DIP)、小外形封装(small outline package,SOP)、塑料有引脚芯片载体(plastic leaded chip carrier,PLCC)等几种封装方式。在封装材料上,主要有三类:金属封装,主要应用于军事、航天领域;陶瓷封装,应用于军事行业和少量商业;塑料封装,由于成本低廉,工艺简单,占总体封装的 95% 左右,多应用于电子行业。

随着超大规模集成电路(VLSI)技术的飞速发展,I/O 数猛增,各种先进封装技术也先后出现,如多引脚的方形扁平封装(quad flat package,QFP)、无引脚陶瓷芯片载体(leadless ceramic chip carrier,LCCC)、塑料方形扁平无引脚封装(plastic quad flat pack -no leads,PQFN)、球栅阵列形的表面封装器件(ball grid array,BGA)、芯片级封装(chip scale package,CSP)等,品种繁多。本节主要介绍 DIP 封装、SOP 封装及其衍生和 PLCC 封装。

1.7.1　DIP 封装

DIP 封装为双排直立式封装,是最早采用的 IC 封装技术,具有性能优良、可靠性高的优势,适合在 PCB 上穿孔焊接,操作方便,适用于小型且不需接太多线的芯片,如集成运放、集成比较器、通用数字集成芯片等。图 1-24(a)为采用 DIP 形式封装的芯片外形。

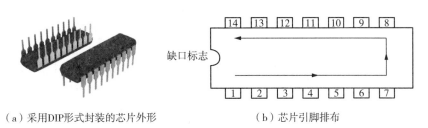

（a）采用DIP形式封装的芯片外形　　　　（b）芯片引脚排布

图 1-24　DIP 封装外形及引脚排布规律

DIP 封装包含两排直插式引脚,两排引脚之间的间距有 300 mil(窄体)与 600 mil(宽体)两种(1 mil= 0.0254 mm)。每排引脚中,相邻两只引脚间距一般为 2.54 mm。

集成芯片的每个引脚在集成芯片设计时都规定了引脚功能,并按照一定顺序排布。集成芯片的外形轮廓或型号印制表面设计有引脚计数的起始标志,如图 1-24(a)中 DIP 芯片上表面左侧的一个半圆形缺口以及一个圆形浅坑:当缺口方向向左时,这些标记下方即为芯片的 1 脚,然后按逆时针方向可依次读取 2 脚、3 脚……末位引脚位于型号标注面的上方最左侧,如图 1-24(b)所示。除 DIP 封装外,其他集成芯片封装方式的引脚排布规律也都一致。

DIP 封装结构形式有:多层陶瓷双列直插式 DIP、单层陶瓷双列直插式 DIP、引线框架式 DIP(含玻璃陶瓷封接式、塑料包封结构式、陶瓷低熔玻璃封装式)等。DIP 封装的特点是可以很方便地实现 PCB 板的穿孔焊接,和主板有很好的兼容性。但由于其封装面积和厚度都比较大,而且引脚在插拔过程中很容易被损坏,插拔可靠性较差;同时由于受工艺的影响,引脚一般都不超过 100 个,因此在电子产业高度集成化过程中,DIP 封装逐渐退出了历史舞台。

1.7.2　SOP 封装及其衍生

小外形封装集成电路 SOP 也称 SOIC,是集成电路早期发展的封装形式。SOP 又分为两种不同的引脚形式:一种是 L 形引脚,如图 1-25 所示;另一种是 J 形引脚,结构如图 1-26所示,这种封装又称为 SOJ 封装。

图 1-25　SOP 封装

图 1-26　SOJ 封装

SOP 封装方式是将集成电路芯片焊区与电子封装外壳的 I/O 引线用金属丝（一般为铝丝或金丝）连接起来。引线键合过程中,采用加热加压和超声等方式清除被焊表面的氧化层和污染,并产生塑性变形使引线与被焊面紧密接触,达到原子间的引力范围,导致界面间原子扩散而形成焊合点,对应的引线键合方法主要有超声法、热压法、热声法等。芯片与引线框架键合完成后再将其放置于专用的模具中进行塑封,经热压成形即完成了 SOP 的封装过程。下文介绍的 PLCC 也是采用类似的工艺过程来封装制造的。

SOP 的引脚端子从封装的两侧引出,呈"L"形,引脚间距与引脚数目相关,表 1-7 列出了 SOP 封装的引脚间距与对应的引脚数目。SOP 的具体外形尺寸可参见相关器件的产品手册,需要注意的是,同一型号的 SOP,不同厂家的宽度尺寸可能不同。

表 1-7　SOP 封装的引脚间距及对应的引脚数目

引脚间距/mm	引脚数目/条
1.27	8～28
1.0	32
0.8	40～56

SOP 封装的应用范围很广,之后逐渐衍生出 TSOP（薄小外形封装）、VSOP（甚小外形封装）、SSOP（缩小型 SOP）、TSSOP（薄的缩小型 SOP）等,在集成电路中都起到了举足轻重的作用。

1.7.3　PLCC 封装

塑料有引脚芯片载体（PLCC）,也是由 DIP 演变而来的,当引脚较多（超过 40 个）时便可以采用此类封装。PLCC 封装常用于逻辑电路、微处理器阵列、标准单元等,其引脚一般采用 J 形结构,如图 1-27 所示。PLCC 引脚间距为 1.27 mm,由于 J 形引脚类封装的引线间距大且不容易变形,一般工艺水准下,都不会出现焊接不良问题,具有非常好的工艺性。

PLCC 的外形有方形和矩形两种,方形的称为 JEDEC MO-047;矩形的称为 JEDEC-052。其 J 形引脚分布在封装体四周外侧底部,其中方形 PLCC 的引脚数可以有 20、28、44、

图 1-27　PLCC 封装外形

52、68、84、100、124 等,而矩形 PLCC 的引脚数可以有 18、22、28、32 等。部分不同引脚数 PLCC 的额定功率见表 1－8 所列。

表 1－8　部分 PLCC 不同引脚数封装的额定功率

封装类型	热阻 R_{ja}/℃·W^{-1}	结点温度下功率/W	
		≤115℃	≤135℃
PLCC20	70～80	0.560	0.810
PLCC28	59～73	0.620	0.890
PLCC44	44～53	0.850	—
PLCC52	38～42	1.070	—
PLCC68	41～47	0.960	—
PLCC84	32～38	1.180	—

需要注意的是,PLCC 封装的引脚在芯片底部向内弯曲,因此在芯片的俯视图中是看不见芯片引脚的。PLCC 封装适合用 SMT 表面安装技术在 PCB 上安装布线,其具有外形尺寸小、可靠性高的优点,主板 BIOS 常采用这种封装形式。

1.8　其他元器件

1.8.1　接插件

接插件即"连接器",一般由插头与插座(或公头与母头)两部分组成。插头与插座内部的金属构件通过紧密的欧姆接触,实现低损耗(欧姆接触电阻趋近于零)的电压或电流信号传导。

电气连接主要通过焊接或插接这两种方式实现。采用插接方式可以简化电子产品的装配过程,易于实现多种设计方案的快捷更替,同时方便电子部件的维修与升级。然而,插接方式的稳固性一般差于焊接方式。

1. 排针与排插

排针与排插可实现两张 PCB 板之间电气通路的刚性"硬"连接:PCB 的 A 设计使用排针,对应的 PCB 的 B 使用相同引脚数量、形状的排插与之对应,将 A 板的排针对准 B 板的排插插入即可。常用的排针有单排、双排两类,最大针数一般为单排排针 40 针、双排排针 80 针,相邻两个排针中心间距有 2.54 mm、2 mm、1.27 mm 三种规格。根据排针横截面形状,排针又可分为方形排针和圆形排针两种类型,如图 1－28(a)所示为双排方形排针的外形结构。方形排针的尼龙支座设计了双面凹槽,可根据实际需要针数将排针掰断使用。

排插又称排母,其分类与排针的分类一一对应。排插内部使用簧片使其与排针连接时易于紧扣。如图 1－28(b)所示为双排方排插,主要与双排方排针配套使用。

排针、排插所使用的理想金属材料为铜,但铜的成本相对较高且抗氧化性一般,因此目前较为常用的排针、排插金属件多采用外表镀铜或金等低电阻率金属涂层的铁质材料,在降

（a）双排方形排针

（b）双排方排插

图 1-28　排针和排插（排母）的外形结构

低成本的同时，也提高了接插件的抗氧化、抗锈蚀性能。

　　在使用排针、排插等接插件进行电气连接时，如果操作失误而导致连接错误，系统在通电后轻则不工作，重则出现严重的电气故障。因此绝大多数接插件都进行了防呆设计，避免接插件被无意插反。例如，Micro USB 即为典型的防呆接插件，USB 插头被设计成只能从一个方向插入 USB 插座。

　　2. 杜邦线

　　排针与排插实现了 PCB 之间的刚性"硬"连接，但是对两块 PCB 的尺寸、形状、结构、位置参数提出了较为严格的要求，此外，对多块 PCB 之间的电气连接效果也不理想。此时，可以采用柔性杜邦线配合排针（或排插）进行电气连接，如图 1-29 所示。其中，杜邦线的插头分公母，母头配合 PCB 上的排针使用，公头配合排插使用。"排针（或排插）＋杜邦线"这种灵活柔性的连接结构特别适合用于电子工艺课程设计相关环节的 PCB 之间的电气连接。

（a）双头杜邦线

（b）杜邦插头（公母）外形

图 1-29　杜邦线与杜邦插头

　　需要注意，由于排针的有效电气接触面积不算太大，加之插拔力较小容易导致连接松动，受杜邦插头形状的限制，杜邦线的导线横截面积也不会太大，因而"排针（或排插）＋杜邦线"的接插件方案不适用于工作电流较大、信号频率较高的应用场合。

3. 集成芯片插座

对于双列直插 DIP 等集成芯片,可在 PCB 中先焊接具有相同封装的集成芯片插座(IC 插座),然后在断电的条件下将集成芯片插入 IC 插座,完成 PCB 与芯的电气连接。

IC 插座是由接触件和绝缘安装支座组成的专用接插件,不具有集成芯片的任何功能。双列直插集成芯片常用的 IC 插座如图 1-30 所示。图 1-30(a)中的 IC 插座采用片簧作为接触件,价格低廉,简单易用。片簧与插入的集成芯片引脚形成双面接触,接触状态良好,易于插拔。图 1-30(b)为圆孔结构的 IC 插座,圆孔的内芯经过镀金或其他降低接触电阻的工艺处理后,具有接触可靠、插拔力小等优点,但成本较高,多用于要求较高的模拟电路。

(a)片簧式结构　　　　　　　　　　(b)圆孔结构

图 1-30　双列直插集成芯片常用的 IC 插座

IC 插座采用的是与集成芯片引脚一致的对称结构,所以 IC 插座没有方向的区分,即使旋转 180°也能正常插入集成芯片。但是,集成芯片本身的引脚是有顺序的,不能随意插入 IC 插座。为了表示 IC 插座的方向,在塑料基座中部设置有一个半圆形缺口,如图 1-30 所示,将缺口方向向左,其下方的引脚则为 1 脚,其余引脚按芯片引脚排序规则逆时针方向读取(规则与集成芯片引脚排布一致)。

全新的双列直插集成芯片一般装在横截面为梯形的防静电塑料管内,两排引脚呈梯形张开一定角度;而 IC 插座一般要求插入集成芯片的张角约为 90°,因此,全新的集成芯片不容易直接插入 IC 插座,而需要稍微弯折每一排的引脚,适当减小引脚张开角度,从而能垂直插入 IC 插座的插孔。集成芯片引脚插入 IC 插座后,还需要再稍微用力将整个集成芯片压紧,以避免集成芯片引脚与 IC 插座接触不良。如需拔下 IC 插座中的集成芯片,禁止用手指直接抠芯片,以防止引脚变形、折断,以及尖锐的引脚插入手指尖而导致意外伤害等。正确的做法是使用镊子或一字螺丝刀从两侧塞入集成芯片与 IC 插座之间的缝隙,然后从两侧撬动集成芯片,使其均匀脱离 IC 插座。

4. 其他常用接插件

除上述接插件外,图 1-31 给出了其他常用的接插件。

图 1-31(a)为鳄鱼夹,实验室中常将小电流鳄鱼夹用于连接 PCB 中的电源和地线。小电流鳄鱼夹可分为大、中、小三种规格,排针、导线、PCB 中的焊盘等接插件均可以与鳄鱼夹配套使用,十分灵活。鳄鱼夹一般带有护套,可以避免金属夹体与邻近元器件引脚发生短路。

（a）鳄鱼夹　　　　（b）DC接头　　　　（c）BNC接头　　　　　　（d）SMA接头

图1-31　其他常用的接插件

图1-31(b)是常用的DC接头,主要用于电源连接。DC接头的内芯一般为电源正极,具有较大接触面积的金属外壳则为电源负极。常用的规格有DC3.5(5 V及以下电源适用)、DC5.5×2.1(9～12 V电源适用)、DC5.5×2.5(19 V以上的笔记本电源适用)。

图1-31(c)是刺刀螺母接头(bayonet nut connector,BNC)的公头(右)和母头(左)。BNC接头是一种用于同轴电缆的连接器,可以使信号相互间干扰减少且信号频宽较大,主要用于连接对扫描频率要求很高的系统,电子实验室中的信号发生器、示波器一般都用BNC接头。

图1-31(d)是SMA接头的公头(右)和母头(左)。SMA接头是一种小型螺纹连接的同轴连接器,其具有频带宽、性能优、高可靠、寿命长的特点,广泛应用于电信通信、网络、无线通信以及检测和测量仪器领域,也是电子工艺课程设计中常用的接插件。

1.8.2　开关

开关是电路设计中使用频率很高的一类无源器件,通过人力(拨动、推动、按压)、电磁力(吸合、断开)、机械应力(变形、弹跳)等的作用,使触点改变状态,从而实现信号、电源的通断或切换。开关是实现人机交互、电气控制的主要元器件。在电路设计中常用到的开关包括以下三类。

(1)翻转开关:开关按下后将翻转、切换到新状态并保持;

(2)自复位开关:按钮被按下后切换到新状态,松开按钮后复位到原先的初始状态;

(3)电磁继电器:通过电流控制电磁铁吸合,再带动开关触点吸合或断开的电动式开关。

1. 翻转开关

翻转开关也称为投掷开关,是一种常用的机械式开关。其中"刀"是翻转开关的动触点,"掷"是翻转开关的静触点。只有一只动触点的开关为单刀开关,有两只动触点的开关为双刀开关,有三只及以上动触点的开关称为多刀开关。而静触点包括常开触点和常闭触点两种:常开触点一般用NO表示,是开关在关断(OFF)状态下与动触点保持断开状态的静触点;常闭触点一般用NC表示,是开关在关断(OFF)状态下与动触点保持连通状态的静触点。翻转开关的每只"刀"对应一组常闭触点及多组常开触点。根据"刀"和"掷"数量的不同,可将常用的翻转开关分为单刀单掷(未设计常闭触点)、单刀双掷、单刀多掷、双刀单掷、双刀双掷、多刀多掷(如数字万用表的挡位开关)等类型,常见的单刀翻转开关的电气符号如图1-32所示。

（a）单刀单掷　　　　　（b）单刀双掷　　　　　（c）单刀三掷

图 1-32　常见的单刀翻转开关的电气符号

翻转开关的参数主要有额定工作电压、额定工作电流、机械寿命、接触电阻等。常用翻转开关的额定电压等级包括直流 50 VDC、250 VDC、400 VDC 等，以及交流 125 VAC、250 VAC等规格，额定电流则包括 0.5 A、1 A、1.5 A、2 A、3 A、5 A 等规格。用于数字信号切换的翻转开关工作电流较小，一般可不考虑其额定电压、电流。直流电源开关则需要重点关注其额定工作电流，同时避免开关触点间出现反复抖动。

若翻转开关的动作太频繁，则容易引起开关内部弹性簧片出现疲劳损伤，即翻转开关的机械寿命。小功率翻转开关的机械寿命一般为几万次，高电压、大电流翻转开关的机械寿命则只有几千次。翻转开关的接触电阻是指动触点与静触点之间的微小电阻，一般不超过 100 mΩ。对触点进行镀银工艺处理会显著减小接触电阻。

单、双掷翻转开关一般采用拨动式结构，而三掷及以上的翻转开关则主要采用旋转式结构。常用的翻转开关结构如图 1-33 所示，有双刀双掷自锁开关、多路单触点拨码开关、拨动开关、钮子开关、船形开关、琴键开关、波段开关等。

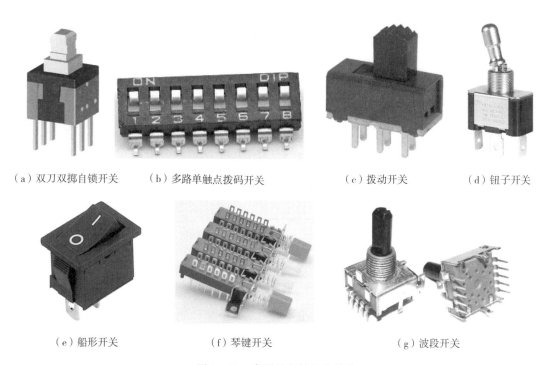

（a）双刀双掷自锁开关　　（b）多路单触点拨码开关　　　（c）拨动开关　　　（d）钮子开关

（e）船形开关　　　　　（f）琴键开关　　　　　（g）波段开关

图 1-33　常用的翻转开关结构

2. 自复位开关

自复位开关一般也称为微动开关、轻触开关，为按钮形式。当自复位按钮按下时，内部的开关触点将产生状态改变(主要是常开触点闭合);松开自复位按钮后,开关借助内部的弹簧或簧片恢复初始状态。PCB 直插式自复位按钮的外形、结构及电气符号如图 1-34 所示。

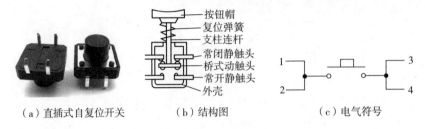

（a）直插式自复位开关　　　　（b）结构图　　　　　　（c）电气符号

图 1-34　PCB 直插式自复位按钮的外形、结构及其电气符号

图 1-34(a)为常用的 6 mm×6 mm 直插式自复位开关,其 4 只引脚在内部处于两两连通状态。由于体积小,价格低廉,这种自复位开关被广泛应用在数字电路、单片机电路等相关产品中。

3. 电磁继电器

电磁继电器也是一种开关,其开关动作不采用直接的手动操作,而是利用电磁力完成。电磁线圈是电磁继电器的核心,采用电磁铁原理制成:将具有绝缘外皮的导线缠绕在铁钉的外径,导线两端通直流电后,线圈内的铁钉产生磁性,能够吸引铁磁性物质,从而成为电磁铁,吸引开关闭合。

电磁继电器主要由电磁铁(铁芯、线圈)、衔铁、弹簧(或簧片)、触点等部件构成,如图 1-35 所示。电磁继电器还需要控制电路进行驱动,简单的驱动电路如图 1-36 所示。

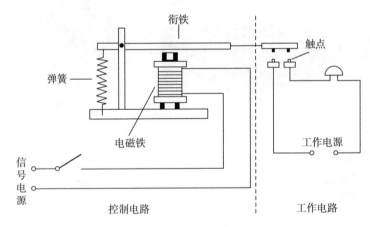

图 1-35　电磁继电器结构图

在图 1-36 中,当输入信号 V_{in} 为高电平时,三极管 VT_1 导通,V_{CC} 电源向电磁继电器的线圈通电,线圈包裹的铁芯产生磁性,吸引图 1-35 中的衔铁向下从而接通触点,实现后续电路的导通和关断。当 V_{in} 翻转为低电平后,VT_1 截止,线圈掉电,电磁吸力也随之消失,衔铁将在电磁继电器内部复位弹簧的反作用力下迅速返回初始位置:触点随即断开。需要注意,二极管 VD_1 是电磁继电器线圈的续流二极管,当电磁继电器的线圈断开时,会产生较大的反电动势,极性上负下正,此时 VD_1 导通,可有效化解反电势,保证电路安全。

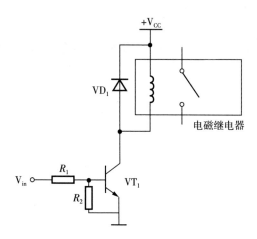

图 1 - 36 电磁继电器简单驱动电路

第 2 章　印制电路板的设计与制作

2.1　印制电路板简介

PCB(printed circuit board)的中文名称为印制电路板，又称印刷电路板、印刷线路板，是重要电子部件、电子元器件的支撑体，也是电子元器件电气连接的提供者。几乎每种电子设备，小到电子手表、计算器，大到计算机、通信电子设备、军用武器系统，只要存在电子元器件，它们之间的电气互连就要使用印制电路板，在大型电子产品的研制过程中，影响电子产品成功的最基本因素之一是该产品的印制电路板的设计和制造。印制电路板的设计和制造质量直接影响到整个电子产品的质量和成本，甚至影响到电子产品在市场竞争中的竞争力。

2.1.1　印制电路板发展过程

在电子技术发展早期，元件都是用导线连接的，而元件的固定是在空间中的立体上进行的。电路由电源、导线、开关和元器件构成，就像在实验室电工实验电路那样。

随着电子技术的发展，电子产品的功能、结构变得很复杂，元件布局、互连布线都不能像以往那样随便，否则在检查电路时就会眼花缭乱。因此，人们对元件和线路进行了规划。以一块板子为基础，在板子上分配元件的布局，确定元件的接点，使用铆钉、连线柱作为接点，用导线把接点按照电路要求，在板的一面布线，另一面装元件，这就是最原始的电路板。这种类型的电路板在真空电子管时代非常盛行。线路的接法有直接连接（接点到接点的连线拉直）和曲线连接。后来，大多数人采用曲线连接，尽量减少使用直线连接的形式。线路都在同一个平面分布，没有太多的遮盖点，检查起来较容易。这时电路板已初步形成了"层"的概念。

单面覆铜板的发明，是电路板设计和制作新时代的标志。布线设计和制作技术都已经发展成熟。先在覆铜板上用模板印刷防腐蚀膜图，然后再腐蚀刻线，这种技术就像在纸上印刷那么方便。印制电路板的应用大幅降低了生产成本，从晶体管时代开始，这种单面印制电路板一直得到广泛的应用。随着技术进步，人们又发明了双面板，即在板子两面都可腐蚀刻线。

由于电路的复杂性，有时也用到"飞线"，如图 2-1 所示。但电路的布线不是把元件按照电路原理图简单连接起来就可以，还需要考虑电路工作时电磁感应、电阻效应、电容效应等，这些都会影响电路的性能，甚至会引起严重的质量问题，如自激、信号不完全传输、电磁干扰等问题。飞线的方法只能解决少量的信号交错问题，数量太多是不可取的。而且，硬要把所有线路排在有限的两个面上，又要降低电磁感应、电阻效应、电容效应，使得布线设计的任务十分艰巨。线太细太密，不但加工困难、干扰大，而且容易烧断从而发生断路故障。若保证了线宽和线间距，电路板的面积就可能太大，不利于精密设备的小型化。这些问题的出现促使了印制电路板设计和制作工艺的发展。

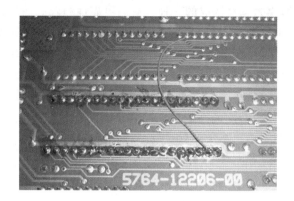

图 2-1 应用于单块 PCB 上的飞线

随着电子产品生产技术的发展,人们开始在双面电路板的基础上发展夹层,从而形成多层电路板。多层电路板就是包含多个工作层的电路板,六层结构的多层板剖面图如图 2-2 所示,其中,电源层和底层都位于中间夹层。

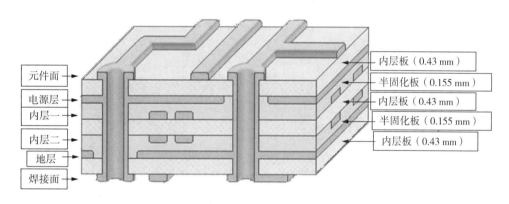

图 2-2 六层结构的多层板剖面图

起初,多层板的夹层多用作大面积的地线、电源线的布线,表层都用于信号布线。后来,要求夹层用于信号布线的情况越来越多,这要求电路板的层数也要增加。但是夹层不能无限增加,主要原因是成本和厚度的问题。一般的生产厂商都希望以尽可能低的成本获取尽可能高的性能,这与实验室里做的原型机设计不同。因此,电子产品设计者要考虑到性价比这个矛盾的综合体,而最实际的设计方法仍然是以表层做信号布线层为首选。高频电路的元件也不能排得太密,否则元件本身的辐射会直接对其他元件产生干扰。层与层之间的布线应该错开,呈十字走向,从而减少布线电容和电感。

2.1.2 印制电路板分类

印制电路板根据制作材料可分为刚性印制板和挠性印制板。酚醛纸质层夹板、环氧纸质层压板、聚酯玻璃毡层压板、环氧玻璃布层压板都属于刚性印制板;聚酯薄膜、聚酰亚胺薄膜、氟化乙丙烯(FEP)薄膜都属于挠性印制板。

挠性印制板又称软性印制电路板(flexible printed circuit board,FPC),软性电路板是以聚酰亚胺薄膜或聚酯薄膜为基材制成的一种具有高可靠性和较高曲挠性的印制电路板。此种电路板散热性好,既可弯曲、折叠、卷绕,又可在三维空间随意移动和伸缩。可利用 FPC缩小体积,实现轻量化、小型化、薄型化,从而实现元件装置和导线连接一体化。FPC 广泛应用于电脑、通信、航天及家电等行业。

刚性印制板和挠性印制板结合起来形成刚-挠性印制板,以实现更薄、更精细导线和更优越互连(取代刚性的连接)的产品。挠性线路将进入高科技领域并形成新一代产品,如叠层多芯片组件,从经济和制造技术角度看,优选挠性材料将更为有利。如图 2-3 所示,分别为刚性印制板、挠性印制板和刚-挠性印制板。

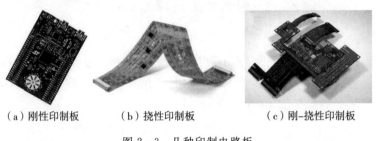

(a) 刚性印制板　　　　(b) 挠性印制板　　　　(c) 刚-挠性印制板

图 2-3　几种印制电路板

2.2　印制电路板设计

2.2.1　印制电路板的设计要求

印制电路板的设计要求主要有以下几点。

1. 正确

正确设计印制板的重要性不言而喻,它主要指准确实现电原理图的连接关系,避免出现"短路"和"断路"这两个简单而致命的错误。这一基本要求在手工设计和简单 CAD 软件设计的 PCB 中并不容易做到,一般较复杂的产品都要经过两轮以上试制修改,功能较强的CAD 软件则有检验功能,可以保证电气连接的正确性。

2. 经济

经济是批量生产中必须考虑的因素。板材选价低、板子尺寸尽量小、连接用直焊导线、表面涂覆用料最便宜、选择价格最低的加工厂等因素都会使印制板制造价格下降。但这些廉价的选择可能造成产品工艺性、可靠性下降,使制造费用、维修费用上升,总体经济性不一定合算。一个原理先进、技术高新的产品可能因为经济性的问题夭折。

3. 可靠

可靠是印制板设计中较高一层次的要求。连接正确的电路板不一定可靠性好,例如板材选材选择不合理、板厚及安装固定不正确、元器件布局布线不当等都可能导致 PCB 不能可靠地工作,早期失效甚至根本不能正确工作。再如多层板和单、双面板相比,设计时要容易得多,但就可靠性而言却不如单、双面板。从可靠性的角度讲,结构越简单,使用元件越小,板子层数越少,可靠性越高。

4. 合理

这是印制板设计中更深的一个层次,也是更不容易达到的要求。一个印制板组件,从印制板的制造、检验、装配、调试到整机装配、调试,再到使用维修,无不与印制板设计得合理与否息息相关,例如板子形状选得不好造成加工困难、引线孔太小造成装配困难、没留下测试点造成调试困难、板外连接选择不当造成维修困难等。每一种困难都可能导致成本增加,工时延长,而每一个造成困难的原因都是设计者的失误。没有绝对合理的设计,只有不断合理化的过程。这需要设计者的责任心和严谨的作风,以及在实践中不断总结、提高的经验。

2.2.2　印制电路板设计前的准备

印制板电路板设计质量不但关系到元器件在焊接装配、调试中是否方便,而且直接影响整机的技术性能。印制板的设计要力求达到设计正确、可靠、合理、经济。设计中需掌握一些基本设计原则和技巧,设计中具有很大的灵活性和离散性。同一张原理图,不同的设计者会有不同的设计方案。印制电路板设计的主要内容是排版设计,但排版设计之前必须考虑覆铜板板材、规格、尺寸、形状、对外连接方式等内容,以上工作称为排版设计前的准备工作。

1. 板材的确定

这里所说的板材是指覆铜板。覆铜板就是把一定厚度的铜箔通过黏合剂热压在一定厚度的绝缘基板上。铜箔覆在基板的一面称为单面板,覆在基板的两面称双面板。覆铜板板材通常按增强材料、黏合剂或板材特性分类。若以增强材料来区分,可分为有机纤维材料的纸质和无机纤维材料的玻璃布、玻璃毡等;若以黏合剂来区分,可分为酚醛、环氧、聚四氟乙烯、聚酰亚胺等;若以板材特性来区分,可分为刚性和挠性两类。铜箔的厚度系列为 $18~\mu m$、$25~\mu m$、$35~\mu m$、$50~\mu m$、$70~\mu m$、$105~\mu m$,误差不大于 $\pm 5~\mu m$,一般最常用的为 $35~\mu m$、$50~\mu m$。

不同的电子设备,对覆铜板的板材要求也不同,否则会影响电子设备的质量。下面介绍几种国内常用的覆铜板,供设计时选用。

(1)覆铜箔酚醛纸层压板,用于一般电子设备中。该种覆铜板价格低廉、易吸水,在恶劣环境下不宜使用。

(2)覆铜箔酚醛玻璃布层压板,用于温度、频率较高的电子及电器设备中。该种覆铜板价格适中,可达到满意的电性能和机械性能要求。

(3)覆铜箔环氧玻璃布层压板,是孔金属化印制板常用的材料。该种覆铜板具有较好的冲剪、钻孔性能,且基板透明度大,是电气性能和机械性能较好的材料,但价格较高。

(4)覆铜箔聚四氟乙烯层压板,具有良好的抗热性和电能性,用于耐高温、耐高压的电子设备中。

2. 印制板形状、尺寸、板厚的确定

印制板形状、尺寸通常与整机外形、整机的内部结构及印制板上元器件的数量及尺寸等诸多因素有关。板上元器件的排列要考虑机械结构上的间距,还要考虑电气性能的要求。在确定板的净面积后,还应向外扩出 5～10 mm(单边),以便印制板在机内的固定安装。同时,还要考虑成本、工艺方面的其他要求。

印制板的标称厚度有 0.2 mm、0.3 mm、0.5 mm、0.7 mm、0.8 mm、1.5 mm、1.6 mm、2.4 mm、3.2 mm、6.4 mm 等多种。在考虑板厚时,要考虑下列因素:当印制板对外连接采用

直接式插座连接,则必须考虑插座间隙,板厚一般选 1.5 mm,过厚则插不进,过薄会引起接触不良;对非插入式的印制板,要考虑安装在板上元器件的体积与质量等因素,以避免挠度引起电气方面的影响;需多层板的场合可选用厚度为 0.2 mm、0.3 mm、0.5 mm 等的覆铜板。

2.2.3 印制板对外连接方式的选择

通常印制板只是整机的一个组成部分,故存在印制板的对外连接问题,如印制板之间、印制板与板外元器件之间、印制板与面板之间等都需要相互连接。选择连接方式要根据整机的结构考虑,总的原则是连接可靠,安装、调试、维修方便。选择时,可根据不同特点灵活掌握。

1. 导线焊接方式

这是一种简单、廉价、可靠的连接方式,不需要任何插件,只需将导线与印制板上对应的对外连接点与板外元器件或其他部件直接焊牢即可。如收音机中的喇叭、电池盒,电子设备中的旋钮电位器、开关等。这种方式优点是成本低、可靠性高,可避免接触不良造成的故障;缺点是维修不够方便。本连接方式一般只适用于对外导线连接较少的场合,如收音机、电视机、小型电子设备中。采用导线焊接方式应注意以下几点。

(1)印制板的对外焊接点应尽可能引在板的边缘,并按一定尺寸排列,以利于焊接维修,避免整机内部乱线而导致可靠性降低。

(2)为提高导线与板上焊点的机械强度,引线应通过印制板上的穿线孔,再从电路板元件面穿过,焊接在焊盘上,以免将焊盘或印制板导线拽掉。

(3)将导线排列或捆扎整齐,通过线卡或其他紧固件将线与板固定,避免导线因移动而折断。

(4)同一电气性质的导线最好用同一种颜色,以便于维修。如电源采用红色导线,地线采用黑色导线等。

2. 插接件连接

在较复杂的仪器设备中,经常采用插接件的连接方式。如电子计算机扩展槽与功能板的连接,大型电子设备中各功能模块与插槽的连接等。这种连接方式为复杂产品的批量生产提供了质量保证,并提高了极为方便的调试、维修条件,但因触点多,所以可靠性差。在一台大型设备中,常用十几块甚至几十块印制板,在设备出现故障时,维修人员不必立即更换电路板上损坏的元件,只需判断出现故障的印制板,将其用备用件替换掉,从而缩短排除故障时间,提高设备的利用效率。印制板上插座接触部分的外形尺寸、印制导线宽度,应符合插座的尺寸规定,要保证插头与插座完全匹配接触。印制板插头如图 2-4 所示。

图 2-4　印制板插头

2.2.4 印制板电路的排版设计

1. 安装方式

元器件在印制板上的固定方式分为卧式和立式两种,如图 2-5 所示。

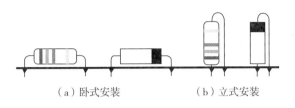

（a）卧式安装　　　　　（b）立式安装

图 2-5　元器件安装方式

立式固定,占用面积小,适合于要求排列紧凑密集的产品。采用立式固定的元件体积,要求小型、轻巧,过大、过重都会由于机械强度差、易倒伏,造成元器件间的碰撞,从而降低整机可靠性。

卧式固定,与立式相比,具有机械稳定性好、排列整齐等特点,但占用面积较大。

体积大、质量大的大型元器件一般最好不要安装在印制板上,因这些元器件不仅占据了印制板的大量面积和空间,而且在固定这些元器件时,往往会使印制板变形而造成一些不良影响。对于必须安装在板上的大型元件,焊装时应采取固定措施,否则长期震动,引线极易折断。

2. 元器件的排列格式

元器件在印制板上的排列格式可分为不规则和规则两种。选用时可根据电路实际情况灵活掌握。

（1）不规则排列。元器件轴线方向彼此不一致,在板上的排列顺序也无一定规则。这种排列方式的元器件一般以立式固定为主,此种方式下虽看起来杂乱无章,但印制导线布设方便,印制导线短而少,可减少电路板的分布参数,抑制干扰,有利于消除高频干扰。

（2）规则排列。元器件轴线方向一致,并与板的四边垂直或平行,一般元器件卧式固定以规则排列为主,此方式排列规范,整齐美观,便于安装、调试、维修,但布线时受方向、位置的限制而变得复杂些。这种排列方式常用于板面宽松、元器件种类少、数量多的低频电路中。

3. 元器件布置原则

元器件布设决定了板面的整齐美观程度和印制导线的长度,也在一定程度上影响着整机的可靠性,布设中应遵循以下原则。

（1）元器件在整个板面疏密一致,布设均匀。

（2）元件安装高度尽量小,以提高稳定性和防止相邻元件碰撞。

（3）元器件不要占满板面,四周留边,便于安装固定。

（4）元器件布设在板的一面,每个引脚单独占用一个焊盘。

（5）元器件的布设不可上下交叉,相邻元器件保持一定间距,并留出安全电压间隙220 V/mm。

（6）根据在整机中安装状态确定元器件轴向位置,为提高元器件在板上的稳定性,应使元器件轴向在整机内处于竖立状态。

（7）元件两端跨距应稍大于元件轴向尺寸,弯脚对应留出距离,防止齐根弯曲损坏器件。

2.2.4 焊盘及印制导线

1. 焊盘的尺寸

焊盘的尺寸与钻孔孔径、最小孔环宽度等因素有关。为保证焊盘上基板连接的可靠性,应尽量增大焊盘尺寸,但同时还要考虑布线密度。一般对于双列直插式集成电路的焊盘尺寸为 $\Phi1.5$ mm～$\Phi1.6$ mm,相邻的焊盘之间可穿过 0.3～0.4 mm 宽的印制导线。一般焊盘的环宽不小于 0.3 mm,焊盘的尺寸不小于 $\Phi1.3$ mm。实际焊盘的大小一般以推荐来选用。

2. 焊盘的种类

焊盘的种类有岛形、圆形、方形、椭圆形、泪滴形、长方形、多边形等,如图 2-6 所示。

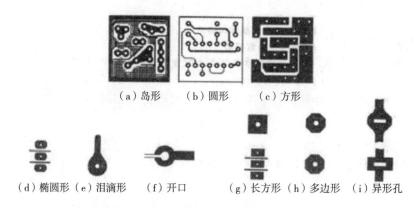

（a）岛形　　（b）圆形　　（c）方形

（d）椭圆形 （e）泪滴形　（f）开口　　　（g）长方形 （h）多边形　（i）异形孔

图 2-6　焊盘图形

对下面常用焊盘作简要介绍:

圆形焊盘,该焊盘与穿线孔为一同心圆。外径一般为 2～3 倍孔径。孔径大于引线 0.2～0.3 mm。设计时,若板尺寸允许,焊盘尽量大,以免焊盘在焊接过程中脱落。而且,同一块板上,一般焊盘尺寸取一致,不仅美观,而且加工工艺方便,除非某些特殊场合。圆形焊盘使用最多,尤其在排列规则和双面板设计中。

岛形焊盘,各岛形焊盘之间的连线合为一体,犹如水上小岛,故称岛形焊盘,常用在元件不规则排列中,可在一定程度上起抑制干扰的作用,并能提高焊盘与印制导线的抗剥程度。其他各种形状的焊盘,在焊盘设计时可根据实际情况做些灵活的修改。

3. 焊盘孔位和孔径的确定

焊盘孔位一般必须在印制电路网络线的交点位置上。焊盘孔径由元器件引线截面尺寸所决定。孔径与元器件引线间的间隙,非金属化孔径可小些,孔径大于引线 0.15 mm 左右,金属化孔径间隙还要考虑孔壁的平均厚度因素,一般取 0.2 mm 左右。

4. 印制导线的走向和形状

印制导线由于本身可能承受附加的机械应力,以及局部高电压引起的放电作用,因此尽可能避免出现尖角或锐角拐弯,一般推荐选用和避免采用的印制导线形状如图 2-7 所示。

印制导线的宽度还要考虑承受电流、蚀刻过程中的侧蚀、板上的抗剥强度以及与焊盘的协调等因素,一般安装密度不大的印制板,导线宽度不小于 0.5 mm,手工制作时不小于 0.8 mm。对于电源线和接地线,由于载流量大,一般取 1.5～2 mm。在一些对电路要求高的场

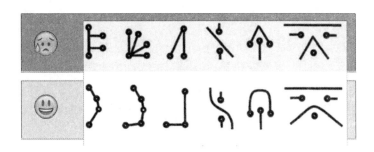

图 2-7　一般推荐选用和避免采用的印制导线形状

合,导线宽度还得做适当的调整。

印制导线间的距离考虑安全间隙电压为 220 V/mm,最小间隙不要小于 0.3 mm,否则会引起相邻导线间的电压击穿或飞弧。在板面允许的情况下,印制导线宽度与间隙一般不小于 1 mm。

印制导线宽度与最大允许工作电流关系见表 2-1 所列,印制导线间距与最大允许工作电压见表 2-2 所列。

表 2-1　印制导线宽度与最大允许工作电流

导线宽度/mm	1	1.5	2	2.5	3	3.5	4
导线面积/mm²	0.05	0.075	0.1	0.125	0.15	0.175	0.2
导线电流/A	1	1.5	2	2.5	3	3.5	4

表 2-2　印制导线间距与最大允许工作电压

导线间距/mm	0.5	1.0	1.5	2.0	3.0
工作电压/V	100	200	300	500	700

印制板上大面积铜箔应镂空成栅状,如图 2-8 所示,导线宽度超过 3 mm 时中间留槽,以利于印制板的涂覆铅锡及波峰焊。另外,为增加焊盘抗剥强度,可设置工艺线。

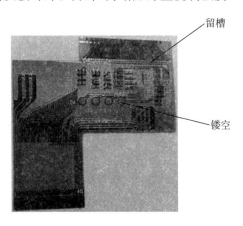

图 2-8　铜箔上的镂空和留槽

2.2.6　印制电路板散热设计的考虑

设计印制电路板，必须考虑发热元器件、怕热元器件及热敏感元器件的分板、板上位置及布线问题。常用元器件中，电源变压器、功率器件、大功率电阻等都是发热元器件（以下均称热源），电解电容是典型怕热元件，几乎所有半导体器件都有不同程度温度敏感性，印制板热设计基本原则是有利散热，远离热源。具体设计中可采用以下措施。

1. 热源外置

将发热元器件移到机壳之外，直流稳压电源的调整管通常置于机外，并利用机壳（金属外壳）散热。

2. 热源单置

将发热元器件单独设计为一个功能单元，置于机内靠近边缘容易散热的位置，必要时强制通风，如台式计算机的电源部分就是这样。

3. 热源上置

必须将发热元器件和其他电路设计在一块板上时，尽量将热源设置在印制板的上部，有利于散热且不易影响怕热元器件。

4. 热源高置

发热元件不宜贴板安装。留一定距离散热并避免印制板受热过度。

5. 散热方向

发热元件放置要有利于散热。

6. 远离热源

怕热元器件及敏感元器件应尽量远离热源，远离散热通道。

7. 热量均匀

将发热量大的元器件置于容易降温之处，即将可能超过允许温升的器件置于空气流入口处，大规模集成电路芯片比小规模集成芯片功耗大，超温故障率高。放的位置宜使整个电路高温下降，热量均匀。

8. 引导散热

为散热添加某些与电路原理无关的零部件。在采用强制风冷的印制板上，使其产生涡流而增强散热效果。因此，人为设置改变气流添加了"紊流排"，使靠近元件处产生了涡流而增强散热效果。

2.2.7　印制电路板中的干扰及抑制

干扰现象在整机调试和工作中经常出现，其原因是多方面的，除外界因素造成干扰外，印制板布置不合理、元器件安装位置不当等都可能造成。这些干扰，在排版设计中应事先重视，则完全可以避免；否则，严重的会引起设计失败。现对印制板上常见的几种干扰及其抑制办法做简单的介绍。

1. 热干扰及抑制

热干扰是指发热元件的存在，造成温度敏感器件的工作特性变化，以致整个电路的电性能发生变化而产生干扰。布设时，要找出发热元件与温度敏感元件，热源处于较好的散热状态,使热源尽量不安装在印制板上,必须安排在印制板上时,要配制足够的散热片,防止温度过高对周围元件产生热传导或辐射。

2. 电源干扰抑制

电子仪器的供电绝大多数是由交流电通过降压、整流、稳压后获得的。电源的质量好坏直接影响整机的技术指标。而电源的质量除原理本身外,工艺布线和印制板设计不合理,都会产生干扰,特别是交流电源的干扰。

直流电源的布线不合理,也会引起干扰。布线时,电流线不要走平行大环形线;电源线与信号线不要太近,避免平行。

3. 底线的共阻抗干扰及抑制

几乎所有电路都存在一个自身的接地点,电路中接地点在电位的概念中表示零电位,其他电位均相对于这一点而言。在印制板上的地线也不能保证是零电位,而往往存在一定值,虽然电位可能很小,但由于电路的放大作用,可能产生较大的干扰。这类干扰的主要原因在于两个或两个以上的回路共用一段地线。

为克服地线共阻抗干扰,应尽量避免不同回路电流同时流经某一段共用地线,特别是高频和大电流回路中。

在印制电路的地线布设中,首先应考虑各级的内部接地,同级电路的几个接地点要尽量集中,称为一点接地,避免其他回路的交流信号窜入本级或本级中的交流信号窜入其他回路。

同级电路中的接地处理好后,要布好整个印制板上的地线,防止各级之间的干扰,下面介绍几种接地方式。

1)并联分路式

将印制板上的几个部分地线分别通过各自地线汇总到线路的总接地点。在实际设计中,印制电路的公共地线一般设在印制板的边缘,并比一般导线宽,各级电路就近并联接地。但如周围有强磁场,公共地线不能构成封闭回路,以免引起电磁感应。

2)大面积覆盖接地

在高频电路中,可采用扩大印制板的地线面积来减少地线中的感抗,同时,可对电场干扰起屏蔽作用。

3)地线的分线

在一块印制板上,如布设模拟地线和数字地线,则两种地线要分开,供电也要分开,以抑制相互干扰。

4. 磁场干扰及对策

印制板的特点是元器件安装紧凑,连接紧密,但如设计不当,会给整机分布参数造成干扰,元器件相互之间产生磁场干扰等。

分布参数造成干扰主要由于印制导线间的寄生耦合的等效电感和电容。布设时,对不同回路的信号线尽量避免平行,双面板上的两面印制线尽量做到不平行布设。在必要的场合下,可通过采用屏蔽的方法来减少干扰。

元器件间的磁场干扰主要是由于扬声器、电磁铁、永磁式仪表、变压器、继电器等产生的恒磁场和交变磁场,对周围元件、印制导线产生干扰。布设时,尽量减少磁力线对印制导线的切割,两磁性元件相互垂直以减少相互耦合,对干扰源进行屏蔽。

2.2.8 印制电路板图的绘制

排版设计不是单纯地按照原理图联结起来,而是采取一定的抗干扰措施,遵循一定的设计原则,合理地布局,达到整机安装方便、维修容易的目的。因此,无论是手工排版还是利用计算机布线,都要经过草图设计这一步骤。但计算机布线,下述步骤可根据个人的实际情况做一些灵活的调整。

1. 分析原理图

分析原理图的目的,是在设计过程中掌握更大的主动性,且要达到如下目的。

(1)熟悉原理图的功能原理,找出可能引起干扰的干扰源,并采取抑制的措施。

(2)熟悉原理图中的每个元器件,掌握每个元器件的外形尺寸、封装形式、引线方式、排列顺序、各管脚功能,确定发热元件所安装散热片的面积,以及确定哪些元件在板上,哪些在板外。

(3)确定印制板参数,根据线路的复杂程度来确定印制板到底应采取单面还是双面,根据元件尺寸、元件在板上安装方式、排列方式和印制板在整机内的安装方式综合确定印制板的尺寸以及厚度等参数。

(4)确定对外连接方式,根据布置在面板、底板、侧板上的元器件的位置来具体确定。

2. 单面板的排版设计

排版设计十分灵活,一般遵循以下原则。

(1)根据与面板、底板、侧板等的连接方式,确定与之有关的元器件在印制板上的具体位置,然后决定其他一般元件的布局,布局要均匀,有时为了排列美观和减小空间,将具有相同性质的元件布设在一起,由此可能会增加印制导线长度。

(2)元器件在纸上位置被安放后,开始布置印制导线,布设导线时,要尽量使走线短、少、疏。在此基础上还要解决原理图中存在的交叉现象,依据原理图画出单线不交叉图,如图2-9所示。在复杂的电路中,解决交叉现象而导致印制导线变得很长的情况下而可能产生干扰时,可用"飞线"来解决。"飞线"即在印制导线的交叉处切断一根,从板的元件面用一短接线连接。但"飞线"过多,会影响印制板的质量,应尽量少用。

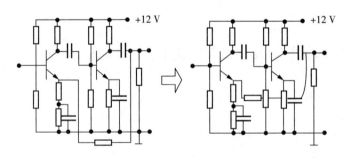

图2-9 单线不交叉图

要注意,一个令人满意的排版设计常常要经过多次调整元件位置和方向、多次调整印制导线的布线情况而得到。

3. 正式排版草图的绘制

为了制作照相底图,必须绘制一张草图。图的要求:版面尺寸,焊盘位置,印制导线的连接与布设,板上各孔的尺寸与位置均与实际板相同并标出,同时应注明电路板的技术要求。
图 2-10 的比例可根据印制板图形密度与精度按 1∶1、2∶1、4∶1 等不同比例。

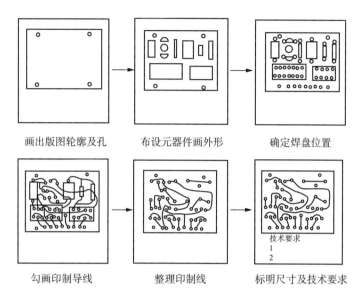

图 2-10　印制电路板图的手工绘制过程

(1)按草图尺寸取方格纸或坐标纸。

(2)画出版面轮廓尺寸,留出版面各工艺孔空间,以及图纸技术要求说明空间。

(3)用铅笔画出元器件外形轮廓,小型元件可不画轮廓,但要做到心中有数。

(4)标出焊盘位置,勾勒印制导线。

(5)复核无误后,擦掉外形轮廓,用绘图笔重描焊点及印制导线。

(6)标明焊盘尺寸、线宽,注明印制板技术要求。

技术要求包括:焊盘的内、外径;线宽;焊盘间距及公差;板料及板厚;板的外形尺寸及公差;板面镀层要求;板面助焊、阻焊要求等。

4. 双面印制板图的绘制

在电子设备中,双面印制电路板应用较为广泛,其两面都有线,可以比较充分地利用板上空间。绘制印制电路板图时,除与上述单面板设计绘制过程相同外,还应考虑以下几点。

元器件布在一面,主要印制导线布在另一面,两面印制导线尽量避免平行布设,力求相互垂直,以减少干扰。两面印制导线最好分布在两面,如在一面绘制,则用双色区别,并注明对应层颜色。两面焊盘严格对应,可通过针扎孔法来将一面焊盘中心引到另一面。在绘制元件面导线时,注意避让元件外壳、屏蔽罩等。两面彼此连接地印制线,需用金属化孔实现。画双面电路板图的一般步骤:

(1)按黑白图的大小方格上画一外框尺寸。如果选择黑白图与实际印制电路板的比例为 2∶1,则外框尺寸比实际印制电路板增加一倍,也就是图的长度和宽度各扩大一倍,图上各连线和元器件所占的长度也都放大一倍。如果比例缩小到 1/2,则制出的板刚好是所要求的尺寸。

(2)画印制电路板的插头引线图时,它的大小必须依据实际插座弹簧片上的宽度而定,尺寸要求准确,否则在使用时容易造成相邻引线短路。

(3)确定元件的位置时,一般是把直接引出线多的元件安排在离插头较近的位置,原理图上相互连线多的元件尽可能靠近,以减小引线的长度,元器件位置确定后,再画出元器件引脚位置图。

(4)为了画图方便,双面印制电路板的草图可以在一张方格纸内完成,这就要求用两种颜色的笔表示双面引线。比如正面(元件面)用红色铅笔画,反面(只有连线的一面)用蓝色铅笔画。双列直插式集成电路引脚是焊在反面,因此画图时用蓝色笔画。

(5)布线一般是一面以横线为主,另一面以竖线为主。当一根引线需要从印制电路板的一面引到另一面,中间要有一个引线孔,这个引线孔是穿过印制电路板的。早期是在孔内插入一根单股线,正反两面连线分别和引线端焊住,现在一般采用孔金属化工艺把正反两面的连线接通。

(6)对画好的草图要认真检查,确认无误后重新把引线孔及连线描粗并加深,使得白色铜版纸放在上面可清楚看到连线,以便绘制照相底图。

2.3 Altium Designer 的电路设计

电子设计自动化(electronic design automation,EDA)指的是将电路设计中的各种工作交给计算机来辅助完成,包括原理图的绘制、PCB 文件的制作、电路的仿真等。随着集成电路的发展和 EDA 软件的进步,当前 PCB 电路设计已经离不开电路设计软件。常见的 PCB 设计工具有 Cadence、PADS 与 Altium Designer(早期版本为 Protel)等。本节以 Altium Designer 19(以下统一简记为"AD19")为例,介绍其电路设计流程和方法。利用 AD 软件设计 PCB 的流程如图 2-11 所示。

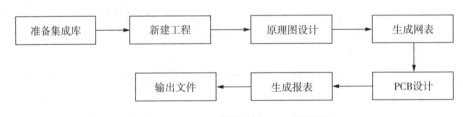

图 2-11　AD 软件设计 PCB 的流程

2.3.1 准备集成库

AD19 软件的集成库中包含电路设计所需要的元器件信息,包括原理图符号、PCB 封装、仿真和信号完整性等。其中,原理图库是元件在原理图中的符号,而 PCB 库则是元件的封装信息。

AD19 集成库的扩展名为 .Intlib,包含各自厂家生产的元器件的符号和封装,可以在安装目录下的"Library"文件夹中找到。各厂家的集成库需要自行下载安装。注意,若电路设计中涉及集成库中没有的元件,要自定义其图符及封装。

AD19 内置 Miscellaneous Devices. IntLib 集成库，包含常用的电阻、电容、二极管、三极管等的符号；内置 Miscellaneous Connectors. IntLib 集成库，包含常用的接插器件等。集成库可以在元件面板中进行选择，如图 2-12 主界面右侧元件面板第一栏所示。

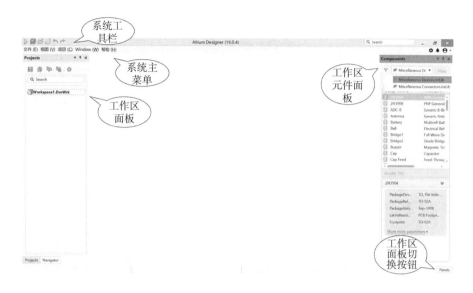

图 2-12　AD19 主界面

2.3.2　新建工程

1. 软件启动

Altium Designer 启动后，进入主界面如图 2-12 所示，用户可以使用该页面进行项目文件的操作，如创建新项目、打开文件、配置等。该系统界面由系统工具栏、系统主菜单、工作区和工作区面板等部分组成。软件启动时，一些面板已经打开，如图中右侧的元件(Component)面板。可以在主界面右下角的面板切换按钮选择访问各种面板，也可以通过主菜单"视图"→"面板"选择相应的面板。

2. 新建工程

项目是每项电子产品设计的基础，在一个项目文件中包括设计中生成的一切文件，比如原理图文件、PCB 图文件、各种报表文件及保留在项目中的所有库或模型。一个项目文件类似 Windows 系统中的"文件夹"，在项目文件中可以执行对文件的各种操作，如新建、打开、关闭、复制与删除等。但需注意的是，项目文件只是起到管理的作用，在保存文件时，项目中的各个文件是以单个文件的形式保存的。

AD19 中项目大约有 6 种类型：PCB 项目、FPGA 项目、内核项目、嵌入式项目、脚本项目和库封装项目（集成库的源）。下面以绘制一个 PCB 项目为例，介绍 AD19 原理图绘制。

在菜单栏选择"文件"→"新的"→"项目"→"PCB 工程"，Projects(工程)面板出现新的工程，如图 2-13 所示，菜单栏选择"文件"→"保存工程"，对 PCB 工程进行命名和保存。

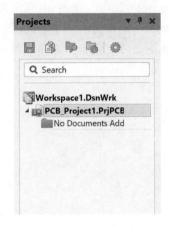

图 2-13　新的 PCB 工程

2.3.3　原理图设计

1. 新建原理图

选择"文件"→"新的"→"原理图"创建一个新的原理图图纸，选择"文件"→"保存"，对原理图进行命名和保存。选择"工具"→"原理图优选项"，可以在弹出的对话框中对原理图的图纸尺寸、管脚余量等进行设置。建议初学者保持默认设置。

2. 加载集成库

选中元件面板中的任一元件，鼠标右键弹出菜单，选择"Add or Remove Libraries.."调出可用库对话窗，如图 2-14 所示。在"已安装"页中，单击安装，选择集成库文件，即可加载非 AD19 默认的集成库。

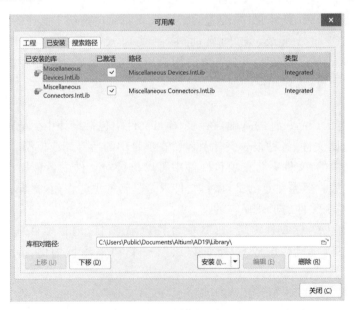

图 2-14　可用库对话框

3. 放置元件

下面以放置一个型号为 2N3904 的三极管为例,介绍从默认的安装库中放置三极管 Q1。

(1)型号为 2N3904 的三极管,位于默认的 Miscellaneous Devices.IntLib 集成库内,所以从 Components(元件)面板"安装的库名"栏内,从库下拉列表中选择 Miscellaneous Devices.IntLib 来激活这个库。

(2)使用过滤器快速定位设计者需要的元件。默认通配符(＊)可以列出所有能在库中找到的元件。在库名下的过滤器栏内输入 ＊3904＊ 设置过滤器,将会列出所有包含"3904"的元件。

(3)在列表中单击 2N3904 以选择它,然后单击 Place 按钮。另外,还可以双击元件名进行放置。光标将变成十字状,并且在光标上"悬浮"着一个三极管的轮廓。现在设计者处于元件放置状态,如果设计者移动光标,三极管轮廓也会随之移动,如图 2-15(左)所示。

(4)在原理图上放置元件之前,首先要编辑其属性。在三极管悬浮在光标上时,按下 TAB 键,这将打开 Properties(元件属性)面板,现在要设置对话框选项如图 2-15(右)所示。在 Designator 栏中输入 Q1 以将其值作为第一个元件序号。

对于电阻、电容等元件,属性面板 Parameters 页面中的 Value 栏可以设置其电阻值、电容值等参数。

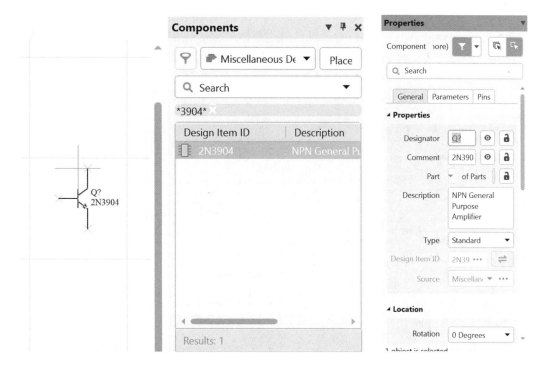

图 2-15　放置元件(左)与属性面板(右)

鼠标框选元件可以对元件进行拖动布局,方便连线,同时按空格键则可以使元件旋转 90°。图 2-16 所示为已摆放完成的电路元件,从中可以看出元件之间留有间隔,这样就有充足的空间用来将导线连接到每个元件引脚上。

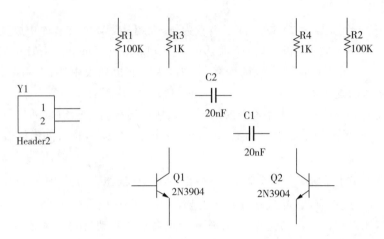

图 2 - 16　元件摆放完后的电路图

4. 连线

连线起着将设计者的电路中的各种元器件之间建立连接的作用。以图 2 - 16 中的元件为例进行连线。

首先用以下方法将电阻 R1 与三极管 Q1 的基极连接起来：从菜单选择"放置"→"线"，或从连线工具栏单击"放置线"快捷工具进入连线模式，光标将变为十字形状。将光标放在 R1 的下端，当设计者放对位置时，一个红色的连接标记会出现在光标处，这表示光标在元件的一个电气连接点上。左击或按 Enter 键固定第一个导线点，设计者移动光标会看见一根导线从光标处延伸到固定点。将光标移到 R1 的下边 Q1 的基极的水平位置上，设计者会看见光标变为一个红色连接标记，如图 2 - 17(左)所示，左击或按 Enter 键在该点完成连线。

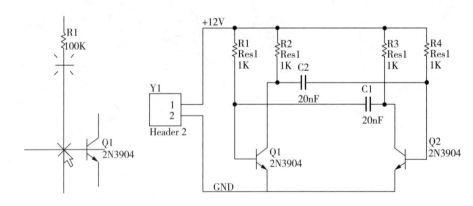

图 2 - 17　连线时的红色标记(左)与完成连线后的电路图(右)

注意：完成连线后，光标仍然为十字形状，表示设计者准备放置其他导线。要完全退出放置模式恢复箭头光标，设计者应该右击鼠标或按 ESC 键。

彼此连接在一起的一组元件引脚的连线称为网络(net)。例如图 2 - 17(右)中，一个网络包括 Q1 的基极、R1 的一个引脚和 C1 的一个引脚。设计者可以通过添加网络标记(net labels)的方式，在设计中识别重要的网络。放置网络标记的方法如下。

（1）从菜单选择"放置"→"网络标签"，一个带点的 net label1 框将悬浮在光标上。

（2）在放置网络标记之前应先编辑，按 TAB 键显示 net label（网络标记）对话框。在 net 栏输入＋12 V，然后单击 OK 关闭对话框。

（3）在电路图上，把网络标记放置在连线的上面，当网络标记跟连线接触时，光标会变成红色十字准线，左击或按 Enter 键即可（注意：网络标记一定要放在连线上）。

（4）放完第一个网络标记后，设计者仍然处于网络标记放置模式，在放第二个网络标记之前再按 TAB 键进行编辑。

（5）在 net 栏输入 GND，单击 OK 关闭对话框并放置网络标记，鼠标右击或按 ESC 键退出放置网络标记模式。

设计者也可以通过添加网络标记的方式，将两根不同的连线连接起来，从而简化复杂电路中的连线数量。最终完成连线和网络标记后的原理图如图 2-17（右）所示。

5. 编译项目

编译项目可以检查设计文件中的设计草图和电气规则的错误，并提供给设计者一个排除错误的环境。如要编译×××项目，从菜单栏执行"工程"→Compile PCB Project ××× . PrjPcb。当项目被编译后，任何错误都将显示在 Messages 面板上，如果电路图有严重的错误，Messages 面板将自动弹出，否则 Messages 面板不出现，如图 2-18 所示。注意，电气检查规则建议初学者不要更改，采用默认规则即可。

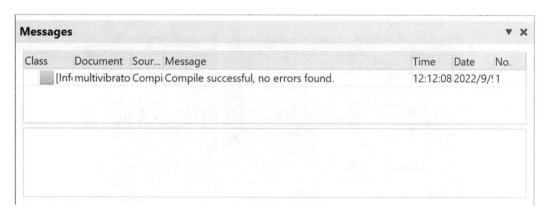

图 2-18　Messages 面板

6. 创建网表

绘制原理图是为了更好地得到 PCB 图，而网络表（网表）则是连接电路原理图和 PCB 图的关键。网络表有两个作用：一是用于支持 PCB 板的自动布线和电路模拟程序；二是可以与 PCB 图中得到的网络表进行对比，进行一致性检查。创建网表的操作方法如下。

（1）打开要创建网表的原理图。

（2）从菜单栏选择"设计"→"文件的网络表"→"Protel"，即可生成网表。可以在 Project 面板中看到生成的网表文件。

需要注意的是，在 AD19 中，已经不需要手动创建网表了。在绘制 PCB 环节，在原理图的"设计"菜单中可以自动将网表关系更新到 PCB 图中，这将在下一节中介绍。

2.3.4 PCB 设计

1. 新建 PCB

在将原理图设计转换为 PCB 设计之前,需要创建一个有最基本的板子轮廓的空白PCB。需要注意,在 AD19 中创建一个新的 PCB 设计,不再使用 PCB 创建向导功能。

选择"文件"→"新的"→"PCB"创建一个新的 PCB 图纸,选择"文件"→"保存",对 PCB图进行命名和保存。在"设计"菜单中,可以对 PCB 的板子形状、层叠管理等进行设置。例如创建一个 2000 mil×2000 mil 矩形的 PCB 板的步骤如下。需要注意,度量单位默认为英制(Imperial),1000 mils = 1 inch(英寸),1 inch=2.54 cm(厘米)。

(1)在"视图"菜单将视图切换为"板子规划模式"。

(2)执行"编辑"→"原点"→"设置",进行图纸的原点设置,一般将原点设置在板子的左下角,如图 2-19(左)左下角的斜十字圆所示。

(3)执行"设计"→"重新定义板形状"命令,光标变为十字,可设置板子形状的各个顶点。将原点设置为第一个点,并依次设置 2000 mil×2000 mil 矩形的另外三个顶点,如图 2-19(左)所示。在设置顶点位置时,需要观察左上角的 x,y 坐标值,若坐标值不精确,可以用键盘的方向键进行微调十字光标位置。

(4)四个点设置完成后,按 ESC 键退出设置模式,完成 2000 mil×2000 mil 矩形 PCB 板的创建,如图 2-19(右)所示。

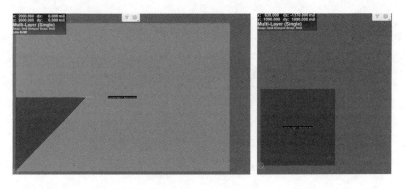

图 2-19 重新定义板形状(左)和 2000 mil×2000 mil 矩形 PCB 板(右)

2. 导入网表

PCB 板创建完成后,需要将原理图网表导入。在将原理图网表信息导入新的 PCB 之前,需要确保所有原理图和与 PCB 相关的库都是可用的。如果只用到默认安装的集成元件库,则所有元件的封装也已经包括在内了。检查所有元件封装库的办法如下。

在原理图编辑器内,执行"工具"→"封装管理器"命令,显示如图 2-20 所示的封装管理器检查对话框。在该对话框的元件列表(component list)区域,显示原理图内的所有元件。用鼠标左键选择每一个元件,当选中一个元件时,设计者可以在对话框右边的封装管理编辑框内添加、删除、编辑当前选中元件的封装。如果对话框右下角的元件封装区域没有出现,可以将鼠标放在 Add 按钮的下方,把这一栏的边框往上拉,就会显示封装图的区域。如果所有元件的封装检查完都正确,按关闭按钮关闭对话框。

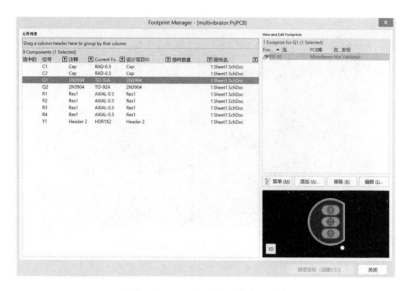

图 2-20 封装管理器检查对话框

接下来将原理图网表信息发送到目标 PCB。

(1)打开原理图文件。

(2)选择"设计"→"Update PCB Document ×××.PcbDoc"命令。其中,×××为对应 PCB 文件的名称。工程变更指令(engineering change order)对话框出现,如图 2-21 所示。

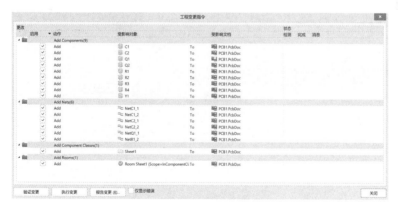

图 2-21 工程变更指令对话框

(3)单击 验证变更 按钮,验证一下有无不妥之处,如果执行成功则在状态列表中将会显示√符号;若执行过程中出现问题将会显示×符号,关闭对话框。检查 Messages 面板查看错误原因,并清除所有错误。

(4)如果单击 验证变更 按钮,没有错误,则单击 执行变更 按钮,从而将原理图网表信息发送到 PCB。当完成后,完成那一列将被标记。

(5)单击关闭按钮,目标 PCB 文件打开,并且元件也放在 PCB 板边框的外面以准备放置。如果设计者在当前视图不能看见元件,则可使用热键 V、D(菜单 View→Fit Document)

查看文档,如图 2-22 所示。注意,PCB 视图需要切换回二维模式。

图 2-22　原理图信息发送到 PCB

3. 设置设计规则

Altium Designer 的 PCB 编辑器是一个规则驱动环境。这意味着在设计者改变设计的过程中,如放置导线、移动元件或者自动布线,Altium Designer 都会监测到每个动作,并检查设计是否仍然完全符合设计规则。如果不符合,则会立即警告,强调出现错误。在设计之前先设置设计规则以让设计者集中精力设计,因为一旦出现错误,软件就会提示。

设计规则总共有 10 类,包括电气、布线、制造、放置、信号完整性等的约束。由于各种设计规则较多,作为初学者,这里仅介绍安全间距和布线宽度规则。

(1)在 PCB 文件界面,选择"设计"→"规则"命令,弹出 PCB 规则及约束对话框,如图 2-23(a)所示。

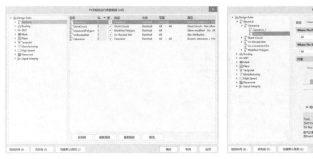

（a）PCB规则及约束对话框　　　　　（b）"Clearance" 规则

图 2-23　PCB 文件参数设置

(2)点击"Electrical",显示电路板布线过程中所遵循的电气规则。其中,Clearance(安全间距)规则用于规定 PCB 设计中导线、过孔、焊盘、矩形覆铜填充等组件相互之间的安全间距。双击"Clearance"规则的属性,弹出如图 2-23(b)所示对话框,默认情况下整个电路板的安全间距为 10 mil。

(3)双击"Routing"展开显示所有布线规则,此类规则为 PCB 设计中最为常用和重要的规则。双击"Width"显示宽度规则,如图 2-24 所示。

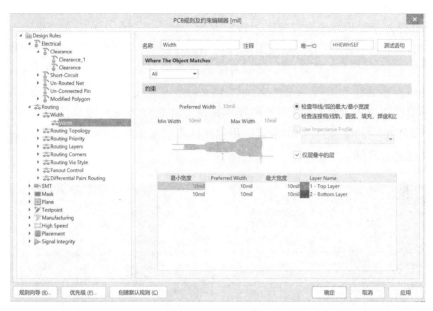

图 2-24　PCB 布线"Width"规则

Altium Designer 的设计规则系统的一个强大功能是同种类型可以定义多种规则,每个规则有不同的对象,例如,设计者可以有对接地网络(GND)的宽度约束规则,也可以有一个对电源线(+12 V)的宽度约束规则(这个规则忽略前一个规则),也可以有一个对整个板的宽度约束规则(这个规则忽略前两个规则,即所有的导线除电源线和地线以外都必须是这个宽度),规则依优先级顺序显示。下面举一个例子,设计者要为+12 V 网络添加一个新的宽度约束规则。

(4)鼠标右击"Width"规则,选择"新规则",从而创建一个新规则 Width_1。

(5)单击新的名为 Width_1 的规则以修改其范围和约束。在名称(Name)栏输入"+12 V",在 Where The Object Matches 栏选择单选按钮 Net,在选择框内单击向下的箭头,选择之前原理图中标记的"+12 V"网络,如图 2-25(左)所示。

(6)在约束栏,单击旧约束文本(10 mil)并输入新值,将最小线宽(min width)、首选线宽(preferred width)和最大线宽(max width)均改为 18 mil。注意必须在修改 min width 值之前先设置 max width 宽度栏,如图 2-25(右)所示。

(7)GND 宽度设置与电源线宽度设置类似,规则设置完成后关闭 PCB 规则对话框。

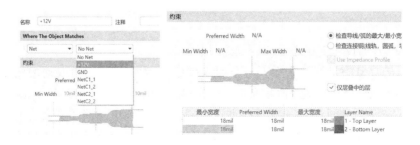

图 2-25　宽度规则网络设置(左)与约束设置(右)

4. 放置元件

PCB图放置元件的方法与原理图放置元件的类似。由于在导入网表的步骤中已经将需要的元件都导入PCB图,此时只需要对元件布局进行调整。合理的布局是PCB板布线的关键,手工布局的操作方式为用鼠标左键单击需要调整的对象,按住鼠标左键不放,将对象拖到合适的位置,然后释放即可。元件之间的连接关系由飞线指示,当设计者拖动元件时,如有必要,使用空格键来旋转元件,让该元件与其他元件之间的飞线距离最短,布局后的PCB图如图2-26(左)所示。元器件文字可以用同样的方式来重新定位,按下鼠标左键不放来拖动文字,按空格键旋转。

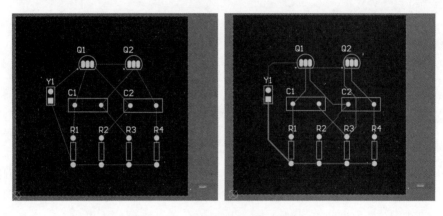

图 2 - 26　元件布局(左)与布线(右)

5. 布线

AD19提供了强大的自动布线功能。从菜单选择"布线"→"自动布线"→"全部"(快捷键U,A),弹出Situs布线策略对话框,单击 Route All 按钮。Messages面板显示自动布线的过程。自动布线的结果如图2-26(右)所示。

线的放置由自动布线通过两种颜色来呈现。红色表明该线在顶端的信号层;蓝色表明该线在底部的信号层。红色电源线较粗是由于设计者所设置的新的Width设计规则所指明的。

AD19软件完成PCB设计后,可以将文件输出到设备端进行PCB制作,具体步骤将在后续章节介绍。

2.4　印制电路板制作

在完成PCB的设计工作之后,需要进行PCB的制作。PCB生产过程复杂,它涉及的工艺范围较广,从CAD/CAM到简单及复杂的机械加工,生产过程中有普通的化学反应还有光化学、电化学、热化学等工艺,而且在生产过程中发生的工艺问题常常具有很大的随机性。由于其生产过程是一种非连续的流水线形式,任何一个环节出现问题都会造成全线停产或大量报废的后果。PCB如果报废是无法再回收利用的,其制造质量直接影响到整个电子产品的质量和成本。本节主要介绍PCB的相关制作工艺和流程。

2.4.1　PCB 制板检查

在进行 PCB 电路板实际制作之前,必须再次检查 PCB 设计是否合理。

(1)检查 PCB 布局是否正确、合理。

(2)根据实际元件,为各原理图元件输入合适的引脚封装。

(3)根据电器外壳尺寸或设计要求,规划电路板的形状和尺寸。

(4)根据 PCB 电路板元件密度高低和布线复杂程度,确定电路板的种类。

(5)测量电路中有定位要求元件的定位尺寸,如电位器、各种插孔距离电路板边框的距离,安装孔的尺寸和定位等。

2.4.2　PCB 制造工艺流程

PCB 生产工艺流程随着工艺技术的进步而不断发生变化。同时也随着 PCB 制造商采用不同工艺技术及 PCB 类型的不同而有所不同,即可以采用不同的生产工艺流程与工艺技术,来生产出相同或相近的 PCB 产品。但是,传统的单、双、多层板的生产工艺流程仍然是 PCB 生产工艺流程的基础。

1. 单面 PCB 制造工艺流程

单面 PCB 是指仅一面有导电图形的印制板,零件集中在其中一面,导线与焊盘则集中在另一面上。因为导线只出现在其中一面,所以这种 PCB 叫作单面板(single-sided)。因为单面板在线路设计上有许多严格的限制(由于只有一面,布线间不能交叉而必须绕独自的路径),所以只有简单的或早期的电路才使用这类板子。

单面板一般用酚醛树脂纸基覆铜板制作。其典型制造工艺流程如下:

单面覆铜板→下料(刷洗、干燥)→钻孔或冲孔→网印线路抗蚀刻图形或使用干膜→固化、检查修板→蚀刻铜→去抗蚀印料、干燥→刷洗、干燥→网印阻焊图形(常用绿油)、UV 固化→网印字符标记图形、UV 固化→外形加工→电气开、短路测试→刷洗、干燥→预涂助焊防氧化剂(干燥)或喷锡热风整平→分板、检验包装→成品出厂。

2. 双面 PCB 制造工艺流程

双面 PCB 是指两面都有导电图形的印制板,由于双面板(double-sided boards)的两面都有布线,要用上两面的导线,必须要在两面间有适当的电路连接才行;这种电路间的"桥梁"叫作过孔(via)。过孔是在 PCB 上设置镀覆金属的小孔,它可以与两面的导线相连接。因为双面板的面积比单面板大了一倍,而且布线可以互相交错(可以绕到另一面),适合用在比单面板更复杂的电路上,如性能要求较高的通信电子设备、高级仪器仪表及电子计算机等设备中。

双面板通常采用环氧玻璃布覆铜板制造。制造双面镀覆孔印制板的典型工艺是 SMOBC,其工艺过程如下:

双面覆铜板→下料→叠板→数控钻导通孔→检验、去毛刺刷洗→化学镀(导通孔金属化)→(全板电镀薄铜)→检验、刷洗→网印负性电路图形、固化(干膜或湿膜、曝光、显影)→检验、修板→线路图形电镀→电镀锡(抗蚀镍/金)→去印料(感光膜)→蚀刻铜→(退锡)→清洁刷洗→网印阻焊图形(贴感光干膜或湿膜、曝光、显影、热固化,常用感光热固化绿油)→清洗、干燥→网印标记字符图形、固化→(喷锡或有机保焊膜)→外形加工→清洗、干燥→电气通断检测→检验包装→成品出厂。

3. 多层PCB制造工艺流程

多层PCB是由交替的导电图形层及绝缘材料层压黏合而成的一种印制板。导电图形的层数在三层以上，层间电气互连是通过金属化孔实现的。如果用一块双面板作内层、两块单面板作外层或两块双面板作内层、两块单面板作外层，通过定位系统及绝缘黏结材料叠压在一起，并将导电图形按设计要求进行互连，就成为四层、六层印制电路板，即多层PCB。目前已有超过100层的实用多层印制电路板。

多层PCB一般用环氧玻璃布覆铜箔层压板制造，是印制板中的高科技产品，其生产技术是印制板工业中最有影响和最具生命力的技术。

多层板的制造工艺是在镀覆孔双面板的工艺基础上发展起来的。目前普遍使用的是铜箔层压工艺，铜箔层压是指将铜箔作为外层，再通过层压制作成多层印制板的制造工艺。该工艺的特点是能大量节约常规多层板工艺制造时的基材耗量，降低生产成本。它的一般工艺流程都是先将内层板的图形蚀刻好，经黑化处理后，按预定的设计加入半固化片进行叠层，再在上下表面各放一张铜箔（也可用薄覆铜板，但成本较高），送进压机经加热加压后，得到已制备好内层图形的一块"双面覆铜板"，然后按预先设计的定位系统，进行数控钻孔。钻孔后要对孔壁进行去钻污和凹蚀处理，然后就可按双面镀覆孔印制板的工艺进行下去。

多层PCB的制造工艺有多种方法，其中最主要的有两种：一种是把阻焊膜直接覆盖在有锡铅合金层的电路图形上，其工艺流程如图2-27所示；另一种是将阻焊膜覆盖在裸铜电路图形上（SMOBC），工艺流程如图2-28所示，其中前面部分工序与图2-27相同。

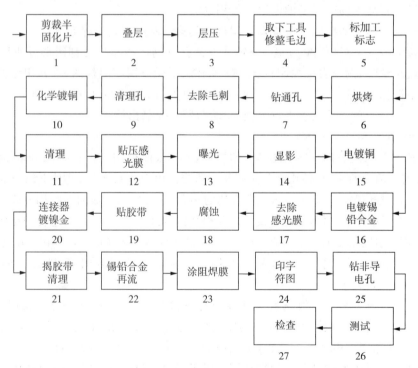

图2-27 在锡铅合金层上涂阻焊膜的多层板工艺流程

对比一般多层板和双面板的生产工艺,它们有很多部分是相同的。主要的不同是多层板增加了几个特有的工艺步骤:内层成像和黑化、层压、凹蚀和去钻污。在大部分相同的工艺中,某些工艺参数、设备精度和复杂程度方面也有所不同。如多层板的内层金属化连接是多层板可靠性的决定性因素,对孔壁的质量要求比双层板要严,因此对钻孔的要求就更高。一般,一只钻头在双面板上可钻 3000 个孔后再更换,而多层板只钻 80～1000 个孔就要更换。另外每次钻孔的叠板数、钻孔时钻头的转速和进给量都和双面板有所不同。多层板成品和半成品的检验也比双面板要严格和复杂得多。多层板由于结构复杂,采用温度均匀的甘油热熔工艺,而不采用可能导致局部温升过高的红外热熔工艺。

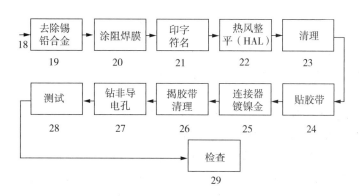

图 2-28　SMOBC 多层印制板工艺流程

2.4.3　PCB 线路形成

PCB 线路形成在中小规模 PCB 制造企业中主要涵盖了 PCB 生产的前 10 个工艺流程,即制片、裁板、抛光、钻孔、金属过孔、线路感光层制作、图形曝光、图形显影、图形电镀、图形蚀刻。

1. 激光光绘

制片主要有两个步骤:光绘和冲片。光绘是直接将在计算机中用 CAD 软件设计的 PCB 图形数据文件送入激光光绘机的计算机系统,控制光绘机利用光线直接在底片上绘制图形;然后经过显影、定影得到胶片底版。激光光绘机采用 He-Ne 激光器作为光源,声光调制器作为扫描激光的控制开关,由计算机发送的图像信息经 RIP 处理后进入驱动电路控制声光调制器工作,被调制的衍射激光,经物镜聚焦在滚筒吸附的胶片上,滚筒高速旋转作纵向主扫描,光学记录系统横移作副扫描,两个扫描运动合成,实现将计算机内部图形信息以点阵形式还原在胶片上。其原理与电视机显像管中电子枪扫描屏幕上的荧光物质相似。

2. 裁板

裁板又称下料,在 PCB 制作前,应根据设计好的 PCB 图的大小来确定所需 PCB 覆铜板的尺寸规格。

3. 抛光

电路板抛光机(图 2-29)主要用于 PCB 基板表面抛光处理,清除板基表面的污垢及孔内的粉屑,为化学沉铜工艺做准备。

图 2-29　电路板抛光机

注意：如果材料表面出现有胶质材料、油墨、机油、严重氧化等，请先对材料进行人工预处理，以免损坏机器。多个工件加工时，相互之间保留一定的间隙。

4. 钻孔

钻孔是在镀铜板上钻通孔或盲孔，建立 PCB 层与层之间以及元件与线路之间的连通。钻孔示意图如图 2-30 所示。主要物料及其作用：

钻头——碳化钨，钴及有机黏接剂组合而成，钻孔工具；

盖板——主要为铝片，在制程中起钻头定位、散热、减少毛头、防压力脚压伤 PCB 作用；

垫板——主要为复合板，在制程中起保护钻机台面、降低钻头温度及清除钻头沟槽胶渣作用。

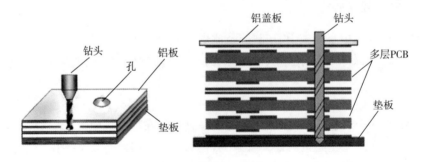

图 2-30　钻孔示意图

工厂用于 PCB 生产的大型自动钻孔设备，钻孔速度快，精度高，使用可靠，适用于 PCB 高精度双面板、多层板的钻孔加工。其具有超大幅面，配备先进精确的接触式断刀检测系统和刀具直径检测系统，还可根据板厚智能合理设定下钻参数，提高工作效率，并精确地制作盲孔。

5. 金属过孔

在线路板中，一条线路从板的一面跳到另一面，连接两条连线的孔叫过孔（区别于焊盘，边上没有助焊层）。过孔也称金属化孔，在双面板和多层板中，为连通各层之间的印制导线，在各层需要连通的导线的交会处钻上一个公共孔，即过孔。在工艺上，过孔的孔壁圆柱面上用化学沉积的方法镀上一层金属，用以连通中间各层需要连通的铜箔，而过孔的上下两面做成圆形焊盘形状，过孔的参数主要有孔的外径和钻孔尺寸。

6. 线路感光层制作

线路感光层制作是将光绘制片底片上的电路图像转移到电路板上,在线路板制作工艺上,具体方法有干膜工艺、湿膜工艺两种。不管干膜和湿膜,都是感紫外光的材质。

1) 干膜工艺

干膜工艺就是将经过处理的基板铜面通过热压方式贴上抗蚀干膜,压膜采用自动覆膜机,自动覆膜机可以在覆铜板的双面上均匀压贴感光干膜,其压辊的温度、压力、速度可调,压辊选用特种合金铝辊芯,加热快且均匀,压辊表面使用特殊硅胶,压膜均匀平实无气泡,其示意图如图 2 - 31 所示。

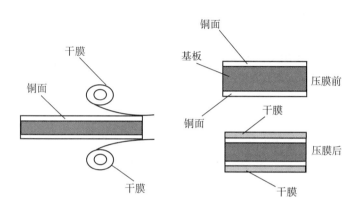

图 2 - 31 干膜工艺示意图

2) 湿膜工艺

湿膜本身是由感光性树脂合成,添加了感光剂、色料、填料及溶剂的一种蓝色黏稠状液体。湿膜与基材上的凹坑、划伤部分的接触良好,且湿膜主要是通过化学键的作用与基材来黏合的,从而湿膜与基材铜箔间有优良的附着力,使用丝网印刷能得到很好的覆盖性,这为高密度的精细线条 PCB 的加工提供条件。由于湿膜与基材的接触性、覆盖性好,又采用底片接触式曝光,缩短了光程,减小了光能的损失及光散射引起的误差。

湿膜的分辨率一般在 25 mm 以下,提高了图形制作的精密度,而实际生产中干膜的分辨率很难达到 50 mm。湿膜工艺操作要点如下。

(1) 刷板。对前工序提供的材料(即生产板)要求板面无严重的氧化、油污、折皱。一般采用酸洗(5%硫酸)喷淋,除去有机杂质和无机污物,然后使用 500 目的尼龙刷辊磨刷。刷板后要达到:铜表面无氧化、无水迹,铜表面被均匀粗化并具有严格的平整性,以增强湿膜与铜箔表面的结合力,满足后续工序工艺的要求。刷板后的铜箔表面状态直接影响 PCB 的成品率。

(2) 丝网印刷。使用的设备为线路板绘印机,为达到需要厚度的湿膜,丝印前要选丝网,要注意丝网的厚度、目数(即单位长度上的线数)。膜厚同丝网的透墨量有关,实际透墨量还与湿膜黏度、刮胶压力、刮胶移动速度有关。印后板面湿膜厚度要控制在 15～25 mm,膜过厚容易产生曝光不足、显影不好,预烘难以控制;膜过薄易产生曝光过度,电镀时的绝缘性差,去膜也困难。

湿膜在用前要调好黏度,并充分搅拌均匀,静止 15 min,丝印场地的环境要保持洁净,以免外来杂物落在膜表面上影响板子的合格率。

（3）预烘（油墨固化）。使用油墨固化机，第一面在80～100 ℃温度下烘7～10 min，第二面也在相同温度下烘10～20 min。预烘主要是蒸发油墨中的溶剂，预烘关系到湿膜应用的成败。预烘不足，在存储、搬运过程中易粘板，曝光时易粘底片，最终造成断线或短路；预烘过度，易显影不净，线条边缘有锯齿状。烘干后的板子要尽快曝光，最好不要超过12 h。

7. 曝光

电路板油墨烘干后，可进行曝光操作，将曝光机的定位光源打开，通过定位孔将底片与曝光板一面（底片的放置将有形面朝下，背图形面朝上的方法放置）用透明胶固定好，同时确保板件其他孔与底片的重合，然后按相同方法固定另一面底片。将板件放在干净的曝光机玻璃面上，盖上曝光机盖并扣紧，关闭进气阀，设置曝光机的真空时间为10 s，曝光时间60 s。开启电源并按"启动"键，真空抽气机抽真空，10 s后曝光开始，待曝光灯熄灭，曝光完成。打开排气阀，松开上盖扣紧锁，取出板件然后继续曝光另一面。（注意：曝光机不能连续曝光，中间间隔3 min。）

8. 显影

显影是将没有曝光的湿膜层部分除去得到所需电路图形的过程。要严格控制显影液的浓度和温度，显影液浓度太高或太低都易造成显影不净。显影时间过长或显影温度过高，会对湿膜表面造成劣化，在电镀或碱性蚀刻时出现严重的渗度或侧蚀。电路板显影效果如图2-32所示。

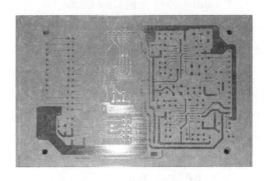

图2-32　电路板显影效果

9. 电镀

图形电镀（镀锡）是在PCB线路部分（包括器件孔和过孔）镀上一层锡，用来保护线路部分不被蚀刻液腐蚀，防止在后续蚀刻流程中将线路部分蚀刻掉。

在工业生产中，尤其是双面板制作中，一般要进行沉铜和加厚电镀，其工艺过程为首先在干膜上网印负性电路图形，经曝光、显影后，PCB上有蓝色和红棕色部分，蓝色部分是干膜，红棕色部分是铜，当然干膜底下也是铜箔，只是被覆盖了而已，干膜底下的铜是不需要的，将来要蚀刻掉。而红棕色的铜由于厚度有时达不到客户的要求，所以需要进行图形电镀，就是在这部分图形上电镀一层铜，使铜箔厚度达到客户要求，然后再镀上一层保护锡，这时板子是白色与蓝色的，白色是锡，蓝色的还是干膜，它们底下都是铜，但是锡下的铜肯定比干膜下的要厚一些，因为干膜底下的铜有干膜的保护，所以是镀不上铜的。最后再进行外蚀,也就是先把干膜取掉,再蚀刻掉干膜下的铜箔,锡下的铜箔因为有锡的保护不会被蚀刻掉,最后再经褪锡,剩下来的图形就是外层图形了。

10. 蚀刻

经过镀锡后留下的油墨需全部去掉才能显示出铜层,而这些铜层都是非电路部分,需要蚀刻掉。蚀刻前需要把电路板上所有的油墨清洗掉,用酸性氯化铜将这部分露出的铜面溶解腐蚀掉,得到所需的线路。

2.4.4　PCB 表面处理

在中小规模 PCB 生产中,PCB 表面处理工序是指阻焊、字符感光层制作和焊盘处理两个工艺流程。

1. 阻焊、字符感光层制作

阻焊,也叫防焊、绿油,是印制板制作中最为关键的工序之一,主要是通过丝网印刷或涂覆阻焊油墨,在板面涂上一层阻焊,通过曝光显影,露出要焊接的盘与孔,其他地方盖上阻焊层,防止焊接时短路。

阻焊、字符感光层制作是将底片上的阻焊字符图像转移到腐蚀好的电路板上。

阻焊膜是一种保护层,涂敷在 PCB 不需焊接的线路和基材上,目的是防止焊接时线路桥连,提供长时间的电气环境和抗化学保护,形成印制板漂亮的“外衣”,包括热固性环氧绿油(含紫外线 UV 绿油)和液态感光阻焊油墨两大系统。其通常为绿色,也有黑色、黄色、白色、蓝色阻焊膜。

元件字符提供黄、白或黑色标记,给元件安装和今后维修线路板提供信息。

阻焊膜是 PCB 的“外衣”,用户看 PCB 最直观的质量就是阻焊膜;另外,丝印阻焊和字符属 PCB 制造工序中的后工序,价值不低的即将完工的 PCB 在后工序出了差错而报废,损失太大,太不值得;再有,阻焊和字符是报废量最多的工序之一,因此,稳定丝印阻焊和字符的工艺,加强该工序的管理和文件控制及设备维护,就显得很重要。

丝印工艺的整个过程,包括:安全生产,使用设备,所需物料,工艺流程和控制参数,制造过程(工作条件、丝网准备、网版制作、油墨搅拌、刮板使用、丝印定位方式、来板检查、刷板、丝网印刷、预烘、曝光、显影、固化),文件和工艺审查,检查和测试项目。

进入 20 世纪 90 年代以后,各 PCB 生产厂家使用传统的丝印热固性环氧绿油已越来越少。这是因为双面 PCB 和印制板的密度在增加,小孔、细线 SMT 与高密度是 PCB 发展的不可逆转的潮流,线宽间距 0.12～0.20 mm 窄引线已属大多数,丝印热固性绿油已不适应,所以,目前大多数双面和多层板厂都已淘汰热固性环氧绿油而改用液态感光阻焊油墨工艺。

目前,在 PCB 制作中,线路板阻焊与字符感光层主要采用湿膜工艺。湿膜工艺使用丝印机完成阻焊、字符感光层制作,其后的固化、烘干工艺与线路感光层制作是一样的。一款全自动丝网印刷机的实物照片如图 2-33 所示。

图 2-33　全自动丝网印刷机

2. 焊盘处理

焊盘处理有几种常用的方法,工业上最早使用的是喷锡工艺,由于是高温、雾状铅锡,对操作人员身体损害比较大,随着环保要求的提高,而逐渐不被采用。目前较为普遍使用的一种是 OSP 工艺,OSP 工艺(助焊防氧化处理)就是在洁净的裸铜表面上,以化学的方法形成一层均匀、透明的有机膜,这层膜防氧化、耐热冲击、耐湿,用以保护铜表面于常态环境中不再继续生锈(氧化或硫化);在后续的焊接高温中,此种保护膜又必须很容易被助焊剂所迅速清除,使露出的干净铜箔表面得以在极短时间内与熔融焊锡立即结合成为牢固的焊点。另一种最常用的焊盘处理方式为沉锡,该方式和 OSP 工艺类似,具有环保、焊盘平整、助焊效果好等优点,是当前最受欢迎的工艺方式。

2.4.5 PCB 后续处理

PCB 后续处理在中小规模 PCB 生产中主要涵盖 PCB 生产过程的最后三个工艺流程,即检测、分板与包装。

1. 检测

加工制作完成的 PCB 必须经过检测才能出厂,检测需严格按照标准执行。

2. 分板

在 PCB 生产中,往往根据设备条件和操作的方便,把相同单元或不同单元的 PCB 拼合在一块覆铜板上;同时,对于整机厂来说,也经常要求将若干个相同或者不同单元的 PCB 进行有规则的拼合,把它们拼合成长方形或正方形,以适应设备对元器件的贴、插装要求,这就是拼板(panel)。拼板应既有一定的机械强度,又便于组装后的分离。

拼板之间可以采用 V 形槽、邮票孔、冲槽等工艺手段进行组合。在完成 PCB 的生产制作之后,则需要再将拼合的 PCB 分割成单块板或几块相连的连板(按客户要求),这一工艺过程称为分板,分板(V 形槽切割)是通过分板机来完成的。

3. 包装

包装已成为现代商品生产不可分割的一部分,也成为各商家竞争的利器,各厂商纷纷打着"全新包装,全新上市"去吸引消费者,以期改变其产品在消费者心中的形象,从而提升企业自身的形象。而今,包装已融合在各类商品的开发设计和生产之中,几乎所有的产品都需要通过包装才能成为商品进入流通领域。随着各种自选超市与卖场的普及与发展,包装以原来的保护产品的安全流通为主,一跃而转向"销售员"的作用,人们对包装也赋予了新的内涵和使命,包装的重要性已深被人们认可。

很长时期以来,包装工艺在 PCB 生产中不被重视,原因是一方面它不能产生附加价值;另一方面是机电类制造业习惯上很少重视产品的包装。进入 21 世纪以来,国内 PCB 产能迅速扩充,且大部分是外销,因此竞争非常激烈,除了产品本身的技术层次和质量能获得客户肯定外,包装的质量也成为 PCB 生产中的一道必不可少的工艺。包装质量的好坏直接影响 PCB 的销量。

第 3 章　现代电子组装工艺

3.1　电子组装工艺简介

20 世纪 40 年代,伴随着晶体管的诞生、高分子聚合物的出现以及印制电路板的研制成功,以无线电产品为代表的电子产品开始问世,同时伴随着产品实现的工艺技术应运而生。在电子管时代,人们仅能通过手工焊接的方式完成晶体管收音机的生产,效率较低,故障率较高。20 世纪 50 年代,随着英国人推出第一台波峰焊焊接设备,电子产品大规模自动化焊接得到了推动,通孔插装技术(through hole mounting technology,THT)成为高效、经济的自动化生产过程。THT 就是将电子元件引脚插入 PCB 预先制备的通孔中,通过焊接组成具有特定功能的电路。一直到 20 世纪 70 年代到 80 年代末,THT 在电子组装工艺中都占据绝对的主导地位。

20 世纪 60 年代为实现电子表和军用通信产品的微型化,开始出现一批无引脚电子元器件,表面贴装技术(surface mount technology,SMT)在美国最开始兴起。所谓 SMT,就是将贴片元器件(SMC/SMD)按要求排列并用粘胶或焊锡膏固定在 PCB 上,然后用适当的方法进行焊接。由于贴片元件体积小,PCB 板无须打孔,组装密度大大提高,装焊所用的焊锡、助焊剂等辅助材料及工时费用相应下降。与 THT 工艺相比,基于 SMT 工艺的 PCB 质量与体积显著下降,组装成本降低了 60%～70%。

20 世纪 70 年代,日本为发展家用电子产品,开发了 SMT 专用焊膏,同时贴片机、回流焊炉、印刷机和各种片式器件先后推出,极大地推动了 SMT 的发展。20 世纪 80 年代,随着表面贴装元器件性能不断提高、价格大幅下降,SMT 技术日趋成熟。我国从 80 年代开始引进和应用 SMT,用于彩色电视机内电子调谐器生产。20 世纪 90 年代,SMT 更是发生了令人惊叹的变化,片式器件越来越小,IC 封装进一步高度集成,几乎所有电子产品都开始使用 SMT 技术实现装联,90 年代中期至今 SMT 成为电子组装市场的主流。同时期我国已在消费电子、通信设备和家用电器等领域应用 SMT。进入 21 世纪以来,随着元器件的进一步小型化和多功能化,以及在手机、智能终端为代表的消费电子产品庞大需求的驱动力下,SMT 技术走向全面成熟阶段。同时,以多芯片模块(MCM)、3D 组装、系统级封装(SIP)为代表的新型封装技术得到发展。

经过几十年的技术发展,SMT 生产设备具有全自动、高精度、高速度、高效益等特点。SMT 生产线的主要生产设备包括印刷机、点胶机、贴片机、回流焊炉和波峰焊机等,辅助设备有检测设备、返修设备、清洗设备、传送设备、干燥设备和物料存储设备等。通过焊膏进行回流焊的 SMT 生产线示意图如图 3-1 所示。其中待组装的 PCB 经过自动上板装置,经传送带依次抵达自动焊膏印刷机、贴片机和回流焊炉,最终完成贴片元器件在 PCB 上的组装,再进一步通过清洗、光学检测等工艺成为最终产品。

目前在印制电路板组件(printed circuit board assembly,PCBA)生产过程中,尽管以波

图 3-1 通过焊膏进行回流焊的 SMT 生产线示意图

峰焊为代表的 THT 工艺相比 SMT 工艺存在体积大、质量大、缺陷多等劣势,但仍然有大量的直插式元器件被使用,如连接器、变压器与微波器件等。此外,波峰焊还可以承受较大的机械应力、装配工序相对简单、成本较低等特点,在非便携设备中得到广泛应用,如家用电器、大功率电源、计算机设备和通信产品中。因此,在完整的 PCBA 制造过程中,SMT 与 THT 两种工艺同时共存,如图 3-2 所示。

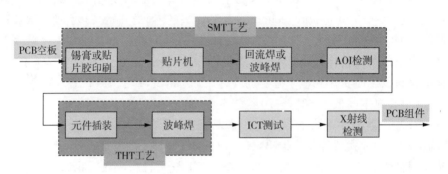

图 3-2 PCB 组件生产过程

在 PCBA 生产过程中,SMT 工艺的自动化程度较高,在锡膏印刷、元器件贴片和回流焊等方面有较成熟、智能的自动化解决方案。而 THT 工艺则涉及元器件散料的插装,它往往是 PCBA 生产过程中的瓶颈环节,目前通过自动通用插件机可以在一定程度上解决直插式元器件的自动化问题,实现多种通用插件全自动折弯、自动插装。但对于使用频次较少的接插件,从经济效益的角度,通常会采用人工或半自动插装的方式实现。

鉴于 SMT 工艺流程中也涉及波峰焊技术和直插元器件的焊接,因此本章剩余内容将对 SMT 工艺从材料、设备及工艺类型与流程三个部分分节进行介绍,不再单独介绍以波峰焊技术为代表的 THT 焊接技术。

3.2 SMT 工艺材料

回流焊 SMT 工艺中所涉及的材料主要有焊料合金、焊膏、助焊剂、贴片胶、清洗剂等。

3.2.1　锡基钎料

为实现两种金属材料或零件的机械与电气连接,在其间隙内或间隙旁所加的金属填充物,称为钎焊材料,简称钎料。常见的钎料包括焊膏、棒状焊条、焊丝、焊片、焊球等,如图 3 - 3 所示。钎料按熔点高低可分为软钎料(熔点低于 450 ℃)和硬钎料(熔点高于 450 ℃)。PCB 焊接所用的主要是软钎料,即锡基合金。根据钎料是否含铅,又可分为有铅钎料(也称锡铅钎料)和无铅钎料。

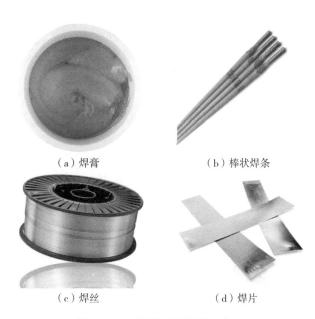

（a）焊膏　　　　　　　　　　　（b）棒状焊条

（c）焊丝　　　　　　　　　　　（d）焊片

图 3 - 3　不同类型的钎料实物图

1. 锡铅钎料

锡铅钎料是以金属锡和铅为主要成分的钎料。锡铅合金具有以下优良特性。

(1)熔点低,便于操作。锡的熔点是 232 ℃,铅的熔点是 327 ℃,两种金属的合金熔化温度为 183 ℃。因其熔点低,所以操作方便,另外对 PCB 和元器件的热冲击较小。

(2)改善力学性能。锡的拉伸强度为 1.5 kg/mm²,剪切强度为 2 kg/mm²。铅的拉伸强度为 1.4 kg/mm²,剪切强度为 1.4 kg/mm²。锡铅合金的拉伸强度则可达 4~5 kg/mm²,剪切强度达 3~3.5 kg/mm²。焊接后这个值会进一步提高,从而改善力学性能。

(3)降低界面张力。液态钎料的扩散性(即润湿性)会因表面张力及黏性的下降而得到改善,而铅的加入可以降低液态锡的表面张力,改善流动性,有利于对基体金属的润湿。

(4)具备抗氧化能力。将铅掺入锡中,可以增加钎料的抗氧化能力,减少钎料在高温下的氧化量,既有利于润湿,也降低了钎料消耗。

截至目前,几乎所有的有铅钎料都是锡铅二元合金。采用锡铅钎料的主要原因如下:

(1)熔化温度范围小,适合工程应用需要;

(2)润湿性和机械、物理性能尚可;

(3)成本低、经济性较好。

2. 无铅钎料

由于锡铅钎料中的铅对环境和人体造成伤害,目前全世界都在推广无铅钎料,这是未来焊接材料的必然趋势。目前最有可能替代锡铅钎料的无铅钎料是锡基合金,即以锡为主,通过添加 Ag、Cu、Zn、Bi、In、Sb 等金属元素,构成二元、三元或多元合金,来改善合金性能,提高可焊性和稳定性。

应用最广泛的无铅钎料是 Sn - Ag - Cu 合金,该材料也适合于回流焊工艺,得到较广泛的应用。Sn - Ag - Cu 合金能够维持 Sn - Ag 合金良好的机械性能、拉升强度等性能的同时稍微降低熔点。但于锡铅钎料相比,Sn - Ag - Cu 合金仍有熔点较高(比 Sn63Pb37 高 34 ℃)、表面张力大、润湿性差、价格较高等问题。此外,Sn - Ag - Cu 合金的凝固特性导致无铅焊点表面颗粒分布不均匀,因此焊点不如锡铅焊点光亮。

3.2.2 助焊剂

在焊接过程中,能净化焊接金属和焊接表面、促进焊接的物质称为助焊剂。依据分类方式不同,助焊剂有很多类型。

助焊剂按照状态可分为液态助焊剂、糊状助焊剂(即焊膏)和固态助焊剂,如图 3 - 4 所示。其中,液态助焊剂常用于波峰焊工艺中,糊状助焊剂常用于回流焊工艺中,固态助焊剂常用于手工焊接中。

（a）液态助焊剂　　　　　　　（b）固态助焊剂

图 3 - 4　助焊剂实物图

按照助焊剂活性高低,可分为低活性(R)、中等活性(RMA)、高活性(RA)和特别活性(RSA),它们的使用范围见表 3 - 1 所列。低活性助焊剂的氯化物添加量很少,残留物腐蚀性较弱,一般不必清除残留物。中活性助焊剂残留物腐蚀性较强,一般焊后需要清洗,如果组装产品要求不高,也可不清洗。高活性和特别活性助焊剂中的活性剂比例更高,腐蚀性更强,焊后必须清洗。

表 3 - 1　不同活性助焊剂按国内标准分类与使用范围

类　别	标　识	使用范围
低活性	R	用于较高级别的电子产品,可实现免清洗
中活性	RMA	用于民用电子产品

（续表）

类　别	标　识	使用范围
高活性	RA	用于可焊性较差的元器件
特别活性	RSA	用于可焊性差的元器件或镍铁合金

助焊剂按照后续清洗工艺可以分为树脂型助焊剂、水溶性助焊剂和免清洗助焊剂三类，其中树脂型助焊剂通过有机溶剂进行清洗。水溶性助焊剂一般是有机酸或有机胺助焊剂，可溶于极性溶剂如水中去除，对环境污染小。免清洗助焊剂是一种不含卤化物活性剂，固体含量一般为 2％，最高不超过 5％，焊接后残留物极少，无腐蚀性，不需要清洗，使用这类助焊剂不但能节约对清洗设备和清洗溶剂的投入，而且还可减少废气和废水的排放对环境带来的污染。

树脂型助焊剂由松香、活性剂、成膜剂、添加剂和溶剂等组成，其助焊性好，焊后残留物能形成一层致密的保护层，对焊接表面具有一定的保护作用。树脂型助焊剂是实际生产中应用最广泛的助焊剂。下面分别介绍树脂型助焊剂中各成分及其作用。

（1）松香。松香是树脂型助焊剂的主要成分，它带有松脂香气味，溶于酒精、丙酮、甘油、苯等有机溶剂中，不溶于水。松香主要由松香酸组成，松香酸在 74 ℃开始软化，在 170～175 ℃活化，活化后呈酸性，此温度下焊锡尚未熔化（锡铅合金共熔点为 183 ℃），松香酸就可以在锡铅钎料熔化之前去除焊接件的表面氧化层。松香酸在 300℃以上发生碳化并完全丧失活性。松香酸是一种弱酸，为了改善其活性（助焊性能），可以向松香中加入活性剂（卤化催化剂等）。

（2）活化剂。活化剂也称活性剂，是一种强还原剂，主要作用是净化焊料和被焊接表面。其添加量为 1％～5％。通常采用有机胺、胺类化合物、有机酸及盐和有机卤化物等。

（3）成膜剂。成膜剂能在焊接后形成一层致密的有机膜，保护焊点和基板，使其具有防腐蚀性和优良的电绝缘性。常用的成膜剂有天然树脂、合成树脂和部分有机物。一般成膜剂加入量为 10％～20％，有时高达 40％，成膜剂加入量过大会影响扩展率，使助焊作用下降，并增加残留物量。

（4）添加剂。添加剂主要有缓蚀剂、表面活性剂、触变剂、消光剂等，其主要作用是使助焊剂获得一些特殊的物理、化学性能，以适应不同产品、不同工艺场合的需求。

（5）溶剂。溶剂主要有乙醇、异丙醇、乙二醇、丙二醇、丙三醇等，均属于有机醇类溶剂。溶剂的作用是溶解其他固、液成分，稀释，调节密度、黏度、流动性、热稳定性等。

树脂型助焊剂的作用概述如下。

（1）去除被焊金属表面的氧化物。松香中的松香酸成分在活化温度范围下能够与 PCB 的焊盘、元器件焊端和焊料表面的氧化膜（成分为氧化铜、氧化亚铜等），生成松香酸铜。松香酸铜可溶于许多溶剂，但不溶于水，需要使用有机溶剂、半水溶剂或皂化水来清洗。

（2）防止焊接时金属表面的高温再氧化。焊接时成膜剂涂覆在金属表面，使其与空气隔离，有效防止金属表面在高温下发生再次氧化。

（3）降低钎料的表面张力、增强润湿性、提高可焊性。助焊剂中的松香酸与活性剂反应促进液态钎料在金属表面漫流，增加了表面活性，从而提高了液态钎料的浸润性，有利于扩散、溶解、冶金结合，提高了可焊性。

(4)促使热量传递到焊接区。由于助焊剂降低了熔融钎料的表面张力和黏度,增加了流动性,因此有利于将热量迅速传递到焊接区,加速扩散速度。

3.2.3 焊膏

焊膏是由一定比例的合金粉和糊状助焊剂混合形成的,具有一定黏性和良好触变性的膏状体,是 SMT 回流焊工艺中必不可少的电子材料。常温下,焊膏可将电子元器件粘贴在 PCB 特定位置,当被加热至一定温度时,随着溶剂和部分添加剂挥发、合金粉融合,被焊元器件端子和焊盘连接在一起,形成电气连接点。焊膏大多采用 500 g 塑料瓶盛放,如图 3-3 (a)所示,为焊膏的实物图。

焊膏的成分及其作用见表 3-2 所列。其中合金粉是焊膏的主要成分,其质量占焊膏的 85%~90%,体积占 50%~60%。合金粉的成分和配比是决定焊膏熔点的主要因素,影响着回流焊温度曲线的峰值温度。合金粉的形状、颗粒度直接影响焊膏的印刷性和黏度。合金粉的表面氧化程度对焊膏的可焊性能影响较大,一般要求合金粉表面氧化物含量小于 0.5%,最好控制在 80 ppm 以下。糊状助焊剂是净化金属表面、提高润湿性、防止焊料氧化和保证焊膏质量以及优化工艺的关键材料,它通常是以松香为主要成分的混合物,主要由基材、活性剂、触变剂、有机溶剂等组成。

表 3-2 焊膏的成分及其功能

主要成分		作 用
合金粉		元器件和电路的机械和电气连接
糊状助焊剂	基材	净化金属表面,提高润湿性
	活性剂	净化焊接表面
	触变剂	使焊膏具有良好的触变性
	黏接剂	提供贴装元器件所需黏性
	溶剂	调节焊膏黏度

焊膏中的合金粉颗粒尺寸有 4 种类型,焊膏的粒度等级见表 3-3 所列。对窄间距元器件,一般选用 3 型。合金粉中的微粒是产生焊料球的因素之一,微粉含量应控制在 10% 以下。

表 3-3 4 种粒度等级的焊膏

	80% 以上的颗粒尺寸/μm	大颗粒要求	微粉颗粒要求
1 型	75~150	>150 μm 的颗粒应少于 1%	<20 μm 微粉颗粒应少于 10%
2 型	45~75	>75 μm 的颗粒应少于 1%	
3 型	20~45	>45 μm 的颗粒应少于 1%	
4 型	20~38	>38 μm 的颗粒应少于 1%	

按照焊膏中合金成分,可以分为有铅类焊膏和无铅类焊膏。常用的有铅焊膏中合金组分为 Sn63Pb37 和 Sn62Pb36Ag2。无铅焊膏中合金的成分有 Sn96.5Ag3.5,Sn42Bi58 等。

在焊膏使用过程中,需要注意的事项包括:

(1)焊膏必须保存在 5～10 ℃的条件下。使用前 2 小时从冰箱取出焊膏,待焊膏恢复到室温后打开容器盖,防止水汽冷凝。使用前用清洁后的不锈钢搅拌刀沿一个方向搅拌,3～5 分钟后,焊膏搅拌均匀。添加完焊膏后,应盖好容器盖。免清洗焊膏不得回收使用。

(2)锡膏的选择取决于 PCB 对清洁度的要求以及焊后不同的清洗工艺。比如,采用免清洗工艺时,要选用不含卤素和强腐蚀性化合物的免清洗焊膏;采用溶剂清洗工艺时,要选用溶剂清洗型焊膏;采用水清洗工艺时,要选用水溶性焊膏。

(3)焊膏活性的选择取决于 PCB 和元器件存放时间和表面氧化程度。一般,焊膏活性采用 RMA 级;在高可靠性产品、航天和军工产品可选择 R 级;如果 PCB、元器件存放时间长,表面氧化严重,应采用 RA 级,焊后进行清洗。

(4)焊膏合金粉颗粒度的选择要根据 PCB 的组装密度进行判断。

(5)焊膏的黏度取决于施加焊膏的工艺与组装密度。模板印刷和高密度印刷要求高黏度焊膏,滴涂点胶选择低黏度焊膏。

(6)焊膏印刷后尽量于 4 小时内完成回流焊。需要清洗的 PCBA,回流焊后应在当天完成清洗。印刷焊膏和贴片胶时,要求拿 PCB 的边沿或带手指套,以防污染 PCB。

3.2.4　贴片胶

贴片胶即黏结剂,又称红胶、邦定胶,主要用于片状电阻、电容、IC 芯片的贴装工艺,可使用点胶或钢网印刷的方法涂抹在 PCB 上。如图 3-5 所示为贴片胶的实物图。贴片胶是 SMC/SMD 进行波峰焊工艺时必需的黏结材料。在进行波峰焊工艺前,需先在 PCB 相对应的位置涂上贴片胶,再将贴装元器件固定在贴片胶上,以防波峰焊时元器件落入锡锅中。贴片胶与焊膏的不同之处在于,贴片胶经过一次加热硬化后,再次加热不会熔化,其热硬化过程是不可逆的。

图 3-5　贴片胶实物图

环氧树脂贴片胶是一种常用的贴片胶,其主要成分由环氧树脂、固化剂、填料及其他添加剂组成。环氧树脂属于热固性、高黏性黏结剂。单组分的环氧树脂贴片胶的树脂和固化剂混合在一起,使用方便且质量稳定。双组分的环氧树脂贴片胶的树脂和固化剂分别包装,使用时进行充分混合。

在贴片胶使用过程中,需要注意的事项包括:

(1)环氧树脂贴片胶应在低温(2～10 ℃)下保存。使用前提前取出,待贴片胶恢复方可开启瓶盖,以防水汽凝结。使用前,用不锈钢铲刀将贴片胶搅拌均匀,并进行脱气泡处理,待贴片胶完全无气泡时装入清洁的注射管。搅拌后的贴片胶应在 24 小时内使用完,剩余的贴片胶要单独存放。

(2)点胶或印刷时应在恒温(23±2 ℃)下进行,点胶或印刷后应及时贴片,并在 4 小时内完成固化。

（3）不要将不同型号、不同厂家的贴片胶混合使用。换胶时所有工具都应清洗干净。采用印刷工艺时，不能使用回收的贴片胶。

（4）操作者应尽量避免贴片胶与皮肤接触，不慎接触应及时用乙醇擦洗干净。

3.2.5 清洗剂

在 SMT 工艺中，由于所用元器件体积小、贴装密度高、间距小，当助焊剂残留物或者其他杂质留在印制板的表面或空隙时，会因离子污染或电路侵蚀而印制导线短路，因此要及时清洗以提高产品可靠性，使产品性能达到出厂要求。全新电子产品拆除包装后闻到的特殊香味就来源于清洗 PCBA 所用的有机溶液。

PCBA 的清洗主要用到清洗剂，其目的是清除回流焊、波峰焊或手工焊过程中残留的助焊剂，以及组装工艺过程中的其他污染物。PCBA 清洗要求清洗剂对 PCB 和元器件无腐蚀作用，并对污染物有较强的溶解效果，能有效地溶解去除污染杂质，不留残迹和斑痕。其他要求包括清洗剂无毒或低毒，不易燃易爆，对环境无害等。

乙醇和异丙醇属于最常用的有机溶剂，它们对松香型助焊剂残留物松香酸盐溶解能力较强，但对于树脂型助焊剂、某些活性剂，以及其他添加剂焊后生成的残留物溶解能力较差，甚至无法溶解。因此，乙醇和异丙醇一般无法完全去除回流焊的残留物。

氟利昂（CFC-113）和 1,1,1-三氯乙烷两种物质化学稳定性和热稳定性较好，不燃不爆，对 PCB 和元器件无腐蚀，脱脂率高，对焊剂残留物溶解力强，清洗效率高，易挥发，对人体毒性在允许范围内，价格便宜。但它们属于消耗大气臭氧层物质（ODS），会对大气臭氧层造成破坏，属于《蒙特利尔议定书》中明确规定的受控物质，于 2010 年起全部停止使用。目前替代 CFC-113 的氟系清洗剂主要有含烃氟氯化碳（HCFC）、含烃碳氟化物（HFC）、烃氟醚（HFE）等，它们对臭氧层破坏能力较低，但仍属于 ODS 物质，被列为 2040 年最终被淘汰物质。

3.3 SMT 工艺设备

SMT 工艺是一种电子安装技术，它是一种将 SMC/SMD 贴焊至 PCB 表面规定位置上的电路装配技术，所用的 PCB 无须钻孔。与 THT 工艺相比，SMT 技术具有体积小、质量小、可靠性高、成本低等一系列优点，成为当前世界电子产品最先进的装配技术，在国防、军事、通信、计算机、工业自动化、消费电子等领域得到广泛应用。

SMT 工艺的主要流程包括：

印刷（或点胶）→贴片→（固化）→回流焊（或波峰焊）→清洗→检测

具体来说，SMT 又分为两种工艺。

（1）焊膏→回流焊工艺：焊膏印刷→贴片→回流焊→清洗；

（2）贴片胶→波峰焊工艺：点胶或印刷→贴片→固化→波峰焊→清洗。

下面依次介绍 SMT 生产线中的主要生产设备及其功能。

3.3.1 印刷机

印刷机用于将焊膏或贴片胶正确地印至 PCB 相应的焊盘或标记位置处。用于 SMT 的印刷机大致分为三种类型：手动印刷机、半自动印刷机和全自动印刷机。

手动印刷机是指手工装卸 PCB，图形对准和所有印刷动作全部由手工完成。

半自动印刷机是指手工装卸 PCB，印刷、网板分离的动作由印刷机自动完成。装卸 PCB 是往返式的，完成印刷后装载 PCB 的工作台会自动退出，适合多品种、中小批量生产。

全自动印刷机是指装卸 PCB、视觉定位、印刷等所有动作全部自动按照事先程序设置的顺序完成的印刷机，完成印刷后，PCB 通过导轨自动装送到贴片机的入口处，适合大批量生产。国内某公司设计生产的一款全自动焊膏印刷机如图 3-6 所示，该设备的印刷精度达到 ±25 μm，重复精度达到 ±10 μm，印刷周期不超过 7 s。

图 3-6　国内某公司设计生产的一款全自动焊膏印刷机

金属模板印刷是目前应用最广泛的施加焊膏的方法，往往与焊膏印刷机结合使用。金属模板是用不锈钢或铜等材料构成的薄板，通常采用化学腐蚀、激光切割、电铸等方法制成，适合于多引线、窄间距、高密度产品的大批量生产，金属模板印刷的质量比较好、使用寿命长。

利用金属模板进行焊膏印刷过程中，利用了焊膏的半流动性与触变性，即焊膏的黏度会随剪切速度(或剪切力)的变化而变化的特性。当刮刀以一定速度和角度移动时，对焊膏产生一定的压力，推动焊膏在刮刀前滚动，产生将焊膏注入模板窗口所需的压力，焊膏的黏性摩擦力使焊膏在刮刀与模板窗口处产生切变，切变力使焊膏黏度下降，从而顺利地注入窗口对应的焊盘处。当刮刀离开模板窗口时，焊膏的黏度迅速恢复至原始状态。当金属模板与 PCB 脱离时，窗口处的焊膏即被释放在 PCB 焊盘处。焊膏印刷原理示意图如图 3-7 所示。

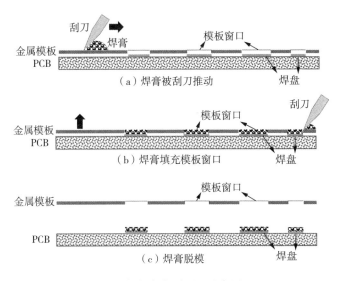

图 3-7　焊膏印刷原理示意图

3.3.2 点胶机

点胶机又称滴液机,主要用于滴涂贴片胶至 PCB 目标位置黏住 SMD,有时也用于底部填充或滴涂焊膏。

施加贴片胶的技术要求如下。

(1)采用光固型贴片胶(丙烯酸类贴片胶),元器件下方的贴片胶至少有一半的区域需要裸露出来;热固性贴片胶(环氧树脂贴片胶),贴片滴胶可完全被元器件覆盖,如图 3-8 所示。

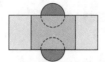 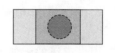

(a)光固型贴片胶位置　　(b)热固型贴片胶位置

图 3-8　贴片胶涂覆位置示意图

(2)小尺寸元器件可涂一个胶滴,大尺寸元器件可涂多个胶滴。

(3)胶滴的高度与用量取决于元器件的类型。胶滴的高度应保证元器件贴装后胶滴能充分接触到元器件底部,胶滴的用量应根据元器件的尺寸和质量而定,尺寸和质量大的元器件用胶量也要相应增加。但胶滴的用量也不宜过大,保证贴装后不影响元器件端头和 PCB 焊盘。

点胶可分为手动滴涂和自动滴涂两种。手动滴涂无须设备,用于试验或小批量生产中。自动滴涂需要专门的全自动点胶设备,主要用于大批量生产。某些全自动贴装机上配有点胶头,具有点胶和贴片两种功能。图 3-9 为某款全自动点胶机设备实物图,该设备可通过图像识别完成对象捕捉,在较大范围内实现点胶。

自动点胶机的工作原理是注射针管中的贴片胶材料直接受到压缩空气的压力,由一个针嘴阀门在一定时间内控制、分配所需数量的贴片胶,如图 3-10 所示。当机器工作时,顶针首先接触到 PCB,机器发出信号,通过启动机构使阀门打开,施加气压,针管内开始增压,压力为 P,并迫使贴片胶流出,同时设定加压时间为 t。当时间达到后,针嘴阀门关闭,点胶停止,接着点胶头又移至下一个点胶位置。

图 3-9　某款全自动点胶机设备实物图　　图 3-10　自动点胶头结构示意图

3.3.3　贴片机

贴片机用于将贴片元器件按照程序设置从各自的包装中取出,并安放至 PCB 相应的目标位置,这个目标位置一般是指 PCB 设计时每个元器件的中心位置。

贴片机在贴装元器件时,应按照组装板装配图和明细表的要求,准确地将元器件逐个安装至 PCB 指定位置处,贴片过程中的贴片工艺要求如下。

(1)各装配位号元器件的类型、型号、标称值和极性等特征标记要符合装配图和明细表要求。

(2)贴装好的元器件要完好无损。

(3)贴装元器件焊端或引脚不小于 1/2 厚度要浸入焊膏。对于一般元器件,贴片时的焊膏挤出量(长度)应小于 0.2 mm;对于窄间距元器件,贴片时的焊膏挤出量(长度)应小于 0.1 mm。

(4)元器件的端头或引脚要求与焊盘图形对齐、居中。由于回流焊时有自定位效应,因此元器件贴装位置允许有一定的偏差,允许偏差的范围要求如下。

1. 矩形元件

在 PCB 焊盘设计正确的情况下,元件的宽度方向焊端厚度 1/2 以上在焊盘上;元件的长度方向,元件焊端与焊盘交叠后,焊盘伸出部分要大于焊端高度的 1/3;有旋转偏差时,元件焊端高度的 1/2 以上必须在焊盘上。特别注意,元件焊端必须与焊膏图形接触。

2. 小外形晶体管(SOT)

SOT 允许 X、Y、q 有偏差,但引脚必须全部处在焊盘上。

3. 小外形集成电路(SOIC)

SOIC 允许 X、Y、q 有偏差,但必须保证器件引脚宽度的 3/4 处在焊盘上。

为保证 SMD 的贴装质量,贴片机在使用过程中要保证以下条件。

1)元件正确

要求各装配位号元器件的类型、型号、标称值和极性等特征标记要符合产品的装配图和明细表要求,不能贴错位置。

2)位置准确

元器件的端头或引脚均和焊盘图形尽量对齐、居中,还要确保元件焊端接触焊膏图形。元器件贴装位置要满足工艺要求。如两个端头无引脚元件自定位效应较强,贴装时元件宽度方向有 1/2 以上搭接在焊盘上,长度方向两个端头只要搭接在相应的焊盘上并接触焊膏图形即可。而对于 SOP、SOJ、PLCC 等器件,其自定位作用较小,贴装偏移无法通过回流焊校正。因此贴装时,在引脚宽度方向上,要求任意引脚与焊膏图形接触宽度不得低于引脚宽度的 3/4,在引脚长度方向要保证引脚在焊盘上。

3)贴片高度合适

贴片高度确定后,贴片压力也随之固定。当贴片高度过大,相当于贴片压力较小,元器件焊端或引脚没有压入焊膏,在传递、贴片和回流焊过程中容易产生位置移动。另外,由于贴片高度过大,贴片时元件从高度扔下,相当于自由落下,会造成贴片位置偏移。贴片高度过小,相当于贴片压力过大,焊膏挤出量过多,容易造成焊膏粘连,回流焊时容易产生桥接,同时也会由于焊膏中合金颗粒滑动造成位置偏移,严重时会损坏元器件。

贴片机是计算机控制的高度自动化的生产设备。元器件贴片均由贴片机程序进行控制,贴片机程序编制的质量直接决定了贴装精度和贴装效率。贴片机程序可分为拾片程序和贴片程序两部分。其中拾片程序控制着每一步贴片过程中贴装头编号,供料器的类型与位置,所拾取 SMD 的类型、中心偏移量、旋转角度、抛料位置,是否跳步等。贴片程序记录着每一次拾片的器件信息与标准图像,元器件贴装目标位置($X/Y/Z$)与角度,PCB 和局部标记点的坐标信息等。贴片机工作过程中,元器件的转移依靠设备中贴装头 $X/Y/Z/\theta$ 轴高精度的传动机构和定位系统,元器件的识别与角度调整则依赖于设备的光学视觉对中定位系统。

SMT 生产线的贴装功能和生产能力主要取决于贴片机的功能和速度。根据贴片机的功能和速度,可分为高精度多功能贴片机(主要用于贴高精度、窄间距、大尺寸和不规则元器件)和高速贴片机(主要用于贴规则的小尺寸元器件)。目前高速贴片机贴装 Chip 元件的速度为 0.03~0.06 s,多功能机一般是中速机,贴装 Chip 元件速度为 0.3~0.6 s。如图 3-11 所示,为某款高速贴片机设备实物图,该设备的理论贴片速度为每小时 39000 片。

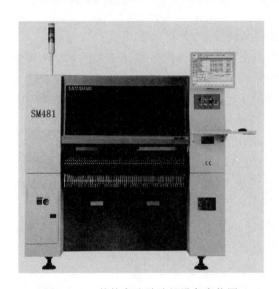

图 3-11　某款高速贴片机设备实物图

3.3.4　回流焊炉

回流焊炉是一种加热设备,它可以使预先涂覆至 PCB 上的焊膏熔化、凝固,进而实现 SMD 焊端与 PCB 焊盘通过焊膏合金结合,实现机械与电气连接。回流焊炉具有操作简单、效率高、焊接品质好、节省焊料等优势,广泛应用于自动化生产的 SMT 工艺中。

回流焊炉按照加热区域分类,可分为 PCB 局部加热和 PCB 整体加热两种。对 PCB 局部加热的设备主要用于返修或个别元器件的特殊焊接。对 PCB 整体加热的有箱式回流焊炉、流水式回流焊炉等,其中箱式回流焊炉适合实验室和小批量生产,流水式回流焊炉适合批量生产。

回流焊炉按照加热原理又主要分为激光回流焊炉,热板回流焊炉、远红外回流焊炉、全热风回流焊炉、红外热风回流焊炉等。目前最流行的是全热风回流焊炉,其原理示意图如图 3 - 12所示,该设备主要由炉体、上下加热源、PCB 传输装置、空气循环装置、冷却装置、温度控制装置、废气处理装置及计算机控制系统组成。

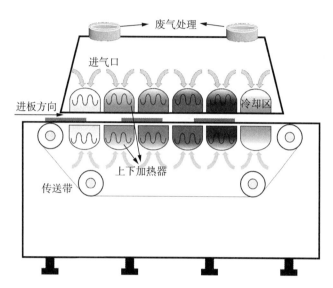

图 3 - 12　全热风回流焊机原理示意图

下面以 Sn63Pb37 成分的焊膏为例,其回流焊温度曲线如图 3 - 13 所示。回流焊的加热过程可分为升温、预热、浸润、回流和冷却等五个阶段。当 PCB 进入升温区,焊膏中的溶剂、气体蒸发,同时,焊膏中的助焊剂润湿焊盘、元器件端头和引脚,将焊盘、元器件引脚与氧气隔离;PCB 进入预热区时,使 PCB 和元器件得到充分预热;在浸润区,焊膏中的助焊剂润湿焊盘和元器件端头,并清洗氧化层;当 PCB 进入回流区,温度迅速上升,焊膏熔化,液态焊锡对 PCB 的焊盘、元器件端头和引脚润湿、扩散、漫流或回流混合,形成焊锡接点;当 PCB 进入冷却区,焊点凝固,此时完成回流焊。

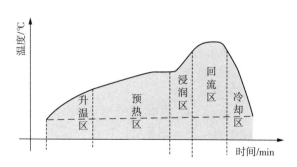

图 3 - 13　Sn63Pb37 成分焊膏回流焊温度曲线示意图

为实现回流焊不同温区的加热,可采用两种方法实现。一种是沿着传送系统的运行方向,让 PCB 按顺序通过回流焊炉内部的各个温度区域;另一种是把 PCB 固定在某处,在控制系统的作用下,按照各个加热阶段的梯度规律,调节、控制温度的变化。批量生产中常用第一种,即流水式回流焊炉。

3.3.5 波峰焊机

波峰焊机是通过机械泵或电磁泵的作用,在熔融的液态焊锡锅的表面形成循环流动的焊锡波,利用熔融液态焊料循环流动的波峰与装有元器件的PCB焊接面相接触,以一定速度在相对运动时实现批量焊接的设备。

波峰焊主要应用于传统通孔直插式元器件、表面安装与通孔直插元器件混装的焊接。适合波峰焊的SMD有矩形和圆柱形片式器件、SOT及较小的SOP等器件。

波峰焊机按照泵的形式可以分为机械泵和电磁泵波峰焊机。机械泵波峰焊机又分为单波峰焊机和双波峰焊机,单波峰焊机适用于纯通孔直插式元件组装板焊接,双波峰焊机和电磁泵波峰焊机适用于通孔元件与贴片元件混装焊接。

如图3-14所示为波峰焊机的结构示意图,下面结合该图来介绍波峰焊的原理。

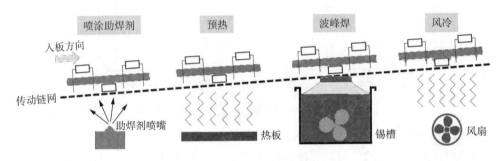

图3-14　波峰焊机的结构示意图

PCB从入口随传送带向前运行,首先会通过助焊剂喷雾槽,此时PCB下表面所有的元器件端头和引脚表面均匀涂覆一层薄薄的助焊剂。

随着传送带的运行,PCB进入预热区。在预热区,助焊剂中的溶剂加热挥发,松香和活化剂开始分解和活化,可除去PCB焊盘、元器件端头和引脚表面的氧化物及其他污染物。此外,助焊剂会覆盖焊盘和元器件焊端起到保护金属表面、防止发生高温再氧化的现象。

PCB继续向前平移,到达锡槽下方,锡槽中为熔融的液态焊锡。锡槽中通过机械泵或电磁泵产生波峰。熔融的焊锡波峰在经过助焊剂净化的金属表面上浸润、扩散,在毛细管作用下,焊锡迅速填充元件引脚的插装孔。

最后PCB经风冷加速冷却,焊锡凝固形成焊点,完成PCB的焊接。

如图3-15所示为某款波峰焊机的实物图。该图中的传送带是倾斜的,倾斜角一般是3°~7°。倾斜角影响着PCB与焊锡波峰的焊接时间、焊点与焊锡波峰的剥离质量与PCB传送速度。倾斜角越大,每个焊点接触焊锡波峰的时间越短,从而降低焊接时间;倾斜角增大有利于焊点与焊锡波峰的剥离,有利于焊点上多余的液体焊锡回流到锡锅中。当焊点离开波峰时,如果焊点与焊锡波峰的分离速度太快,容易形成桥接;分离速度太慢,容易形成缺焊、虚焊。最后,倾斜角增大时传送带速度需适当降低以免PCB打滑。

图 3-15　某款波峰焊机实物图

3.3.6　自动光学检测设备

自动光学检测设备英文全称为 automatic optical inspection,简称 AOI。该设备通过光学设备检查 SMT 生产线上 SMD 的焊接质量、安装状态与焊膏印刷的效果,可将不良焊点通过计算机终端显示输出。

AOI 设备根据其检测原理可分为激光 AOI 和 CCD 镜头 AOI。激光 AOI 可以检测高度信息,属于三维检查,缺点是技术处理较困难,编程较为复杂,检查速度也比较慢。目前广泛使用的是 CCD 镜头 AOI,其主要优势是灵敏度高、噪声低,图形可以进行数字化处理,相对激光 AOI 而言处理更为简单。

从应用场所分类,AOI 又可分为台式和在线式两类。台式 AOI 多是半自动的,需要手动放板和手动开启检查。在线式 AOI 是全自动的,可以连线也可以单机模式,多品种、小批量生产时一般用单机模式,大批量生产时采用连线。如图 3-16 所示为某款台式 CCD 镜头AOI 设备实物图。

图 3-16　某款台式 CCD 镜头 AOI 设备实物图

AOI 设备的检查原理是利用 LED 光源打在待测 PCB 组件上,用光学透镜系统和 CCD获取光线反射量,图片中区域较亮说明反射量多,区域较暗说明反射量少。设备通过 CCD自动扫描 PCBA,采集图像,将测试焊点的参数与数据库中的合格参数进行比较,经过图像处理,检查出 PCBA 上的各种缺陷,并通过显示器或自动标志将缺陷显示或标注处理,供维修人员处理。

AOI可以应用于SMT工艺的以下阶段。

(1)印刷后。可对焊膏的印刷质量做工序检查。可检查焊膏量过多、过少,焊膏图形的位置有无偏移,焊膏图形之间有无连桥、拉尖,焊膏图形有无漏印等。

(2)贴片后,回流焊前。可检查元件贴错、元件移位、元件贴反、元件侧立、元件丢失、极性错误、贴片压力过大造成焊膏图形之间的桥接等问题。

(3)回流焊后。可做焊接质量检查。可检查元件贴错、元件移位、元件贴反、元件侧立、元件丢失、极性错误、焊点润湿度、焊锡量过多、焊锡量过少、漏焊、虚焊、桥接、焊球、元器件翘起等焊接缺陷。

3.4 SMT 工艺类型与流程

表面安装件(SMA)安装至PCB上的方式可分为全表面安装、单面混装和双面混装。全表面安装是指PCB双面都是表面贴装元器件(SMC/SMD)。单面混装是指PCB上既有通孔插装元件(THC),又有SMC/SMD。THC在正面(默认为元器件面);SMC/SMD可能在正面,也可能在背面(默认为焊接面)。双面混装是指双面都有SMC/SMD,THC在正面,也可能双面都有THC。

表面安装的几种典型方式见表3-4所列,表中总结了不同组装方式对应的PCB板类型、工艺流程与工艺特征。

表 3 - 4 表面安装的几种典型方式

组装方式		示意图	电路板类型	工艺流程	特 征
全表面安装	单面表面组装		单面板	单面回流焊	工艺简单,适用于小型、薄型简单电路
	双面表面组装		双面板	双面回流焊	高密度组装、薄型化
单面混装	SMD 和 THC 均在正面		双面板	先正面回流焊,再背面波峰焊	一般采用先贴后插,工艺简单
	THC 在正面,SMD 在背面		单面板	背面波峰焊	PCB 成本低,工艺简单,先贴后插
双面混装	THC 在正面,SMD 在正、背面		双面板	先正面回流焊,再背面波峰焊	适合高密度组装
	正、背面均有 THC 和 SMD		双面板	先正面回流焊,再背面波峰焊,最后处理背面插装件	工艺复杂,很少采用

3.4.1　全表面安装工艺

全表面安装工艺有单面表面安装和双面表面安装。单面组装采用单面板,双面组装采用双面板。

单面表面组装工艺流程:焊膏印刷→贴装元器件→回流焊。

双面表面组装工艺流程:背面锡膏印刷→贴装背面元器件→回流焊→翻转 PCB→正面锡膏印刷→贴装正面元器件→回流焊。双面表面组装工艺流程如图 3－17 所示。在双面回流焊工艺中,通常将 PCB 板上的大尺寸元器件放置于正面,小尺寸元器件放置于背面,焊接时必须先焊背面,再焊正面。这是因为对于小尺寸元件,由于熔融焊点的表面张力足以抓住底部元件,二次回流焊时可以形成可靠的焊点。相反,大尺寸元件在二次回流焊时,重力超过表面张力则可能导致元器件移位甚至掉落。

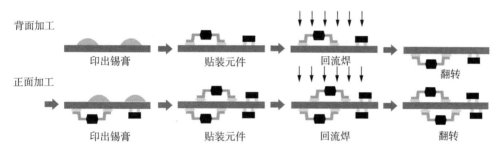

图 3－17　双面表面组装工艺流程示意图

3.4.2　单面混装工艺

单面混装的通孔在正面,贴片元件可能在正面,也可能在背面。当贴片元件在正面时,由于双面都需要焊接,因此需要双面板。当贴片元件在背面时,由于焊接面在背面,因此可采用单面板。

当 SMD 和 THC 位于 PCB 同一面(假设为正面)时,其加工流程为正面锡膏印刷→贴装 SMD→回流焊→正面插装 THC→背面波峰焊,如图 3－18 所示。

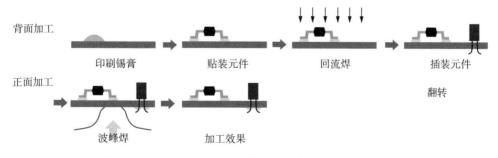

图 3－18　SMD 与 THC 同时位于 PCB 同一面时的加工流程

当 SMD 和 THC 分别位于 PCB 两面(假设 SMD 均在背面,THC 均在正面)时,其加工流程:背面印刷贴片胶→贴装 SMD→固化→翻转 PCB→正面插装 THC→背面波峰焊。SMD 与 THC 位于 PCB 不同面时的加工流程如图 3-19 所示。如果采用自动插装机装 THC,由于插装时会折弯引脚,损坏背面贴装、固化的 SMD,因此要更换顺序,即先插装 THC,后贴装 SMD。

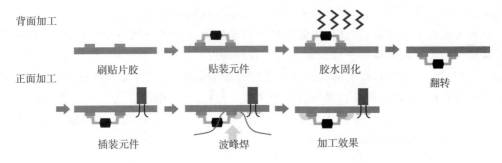

图 3-19　SMD 与 THC 位于 PCB 不同面时的加工流程

3.4.3　双面混装工艺

双面混装指 PCB 正、背面均有贴片元件,而通孔元件一般位于正面,或者两面都存在。这是由于在高密度组装中,一些显示器、发光元件、连接件、开关等需要安放在背面,这种双面都有通孔元件的混合组装板的组装工艺较为复杂,通常背面的通孔元件采用手工焊接。

当 SMD 位于 PCB 正、背面,THC 位于正面时,其工艺流程为正面印刷焊膏→贴装正面 SMD→回流焊→翻转 PCB→背面印刷贴片胶→贴装 SMD→固化→翻转 PCB→正面插装 THC→背面波峰焊,加工流程如图 3-20 所示。

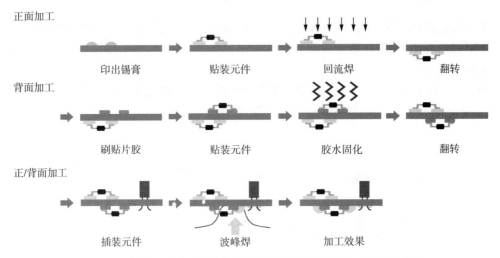

图 3-20　PCB 正面有 THC 和 SMD,背面有 SMD 的加工流程示意图

当 PCB 正、背面均有 THC 和 SMD 时,其工艺流程:正面印刷焊膏→贴装正面 SMD→回流焊→翻转 PCB→背面印刷贴片胶→贴装 SMD→固化→翻转 PCB→正面插装 THC→背面波峰焊→背面插装件单独采用手工焊接。流程图与图 3-20 类似,仅最后一步存在差异。

第 4 章　电路板的制作工艺流程

4.1　DL‐300B 激光电路板加工系统的操作与使用

DL‐300B 激光电路板加工系统是中德合资企业德中技术发展有限公司推出的一款激光微加工设备。该设备利用激光直接剥离覆铜板表面铜箔,像打印一样制作电路板导电图形,适合多品种、小批量,特别是射频、微波等超高尺寸精密度电路板制作。设备具有加工质量好、速度快、稳定可靠、运行成本低等特点。该设备的实物图如图 4‐1 所示。

图 4‐1　DL‐300B 激光电路板加工系统实物图

DL‐300B 激光电路板加工系统适用于覆铜板上加工线路图形、去除抗蚀层、去除工艺导线及阻焊层开窗,也可以在其他金属(含稀有金属)、电镀材料、镀膜材料、喷涂材料、塑料(含工程塑料)、陶瓷等材料上加工图形。

4.1.1　设备硬件简介及技术参数

DL‐300B 激光电路板加工系统有 3 个开关,总开关(位于设备背面,用于控制 220 V 电源的通断,包括上位机),急停开关旋钮(仅用于设备发生故障时紧急停止设备运行)和主机开关(用于启动激光加工头),如图 4‐1 所示。

DL‐300B 激光电路板加工系统主要由工作台、X/Y 移动系统、光纤激光器和振镜组成。移动系统采用进口高精度伺服电机,搭配 C5 级滚珠丝杆,结构简单,安全稳定。激光加工头实现沿 X 轴移动,也可以抬起落下;工作台实现沿 Y 轴移动。进口数字扫描振镜可以控制工作激光在单个扫描器内部进行 X、Y 坐标快速移动,所以该激光机可以对较小的加工对象用一个扫描器进行加工,也可以把一个大的加工对象划分成多个扫描器分别进行加工。激光电路板加工系统的核心部件如图 4‐2 所示。

图 4-2 激光电路板加工系统的核心部件

DL-300B 激光电路板加工系统的主要技术参数见表 4-1 所列。

表 4-1 DL-300B 激光电路板加工系统主要技术参数

电　源	220 VAC/50 Hz
主机功率	1.7 kW
环境温度	(26±4)℃
主机外形尺寸(宽×深×高)	900 mm×850 mm×1450 mm
质量	270 kg
激光平均输出功率	30 W
激光波长	1064 nm
重复定位精度	≤2 μm
系统定位精度	≤0.5 μm
X/Y 轴移动分辨率	≤0.5 μm
振镜移动分辨率	20 mrad
最大加工区域	300 mm×300 mm
工作噪声(含吸尘器时)	70 dB
$X/Y/Z$ 驱动	伺服电机

4.1.2 激光电路板加工系统操作流程

本小节以 Altium Designer 版图设计软件绘制的双层 PCB 为例,演示 DL-300B 激光电路板加工系统的操作流程,具体流程如图 4-3 所示。完整的操作流程分为准备阶段和加工阶段,其中准备阶段主要完成生产文件的输出、文件格式的转换、文件导入与浏览等;加工阶段则包括放板、刀头配置、定位与雕刻等步骤,下面分别进行介绍。

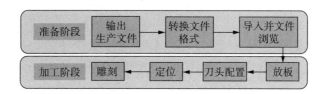

图 4 - 3　DL - 300B 激光电路板加工系统操作流程

1. 输出生产文件

用户或企业设计部门在绘制 PCB 版图通常采用 Altium Designer(原 Protel)、Cadence、Proteus、PADS 等电子设计自动化软件。用户设计的 PCB 版图文件包含多个图层,无法被制造设备读取用于直接生产加工,在交付生产时往往会被要求提供 Gerber 和 Excellon 等制造文件。Gerber 文件是电路板行业软件描述电路板(线路层、阻焊层、字符层等)图像及钻、铣数据的文档格式集合,是电路板行业图像转换的标准格式。同时,Gerber 文件也是 PCB 加工机器所能识别的标准文件。Excellon 文件的名称源自美国 Excellon 自动化公司,由于 20 世纪 80 年代该公司在 PCB 钻孔和布线机器的市场领导地位,其专有格式文件得到推广,并延续至今。Excellon 文件用于驱动 PCB 制造中的 CNC 钻孔和布线机器,并控制钻孔位置和速度。总而言之,Gerber 和 Excellon 文件适用于将计算机辅助设计(CAD)的设计内容转化为计算机辅助制造(CAM)的制造信息。

下面以 Altium Designer 19 为例,介绍 Gerber 格式和 Excellon 格式文件的输出。

(1)双击 Altium Designer 图标运行软件,打开待加工的 PCB 版图文件(文件格式为 .PcbDoc),依次选择菜单栏"文件"☞"制造输出"☞"Gerber Files",弹出"Gerber 设置"界面。

(2)按图 4 - 4 在"通用"菜单栏下,将单位设置为公制单位毫米,数据格式设置为"4∶4",它代表坐标数据由整数和小数两部分组成,其中整数和小数部分各有 4 位有效数字,因此可精确到 0.0001 mm(即 0.1 mm),具有较高的精度,能充分发挥设备的加工精度。

图 4 - 4　设置图层坐标数据格式

（3）如图4-5所示，在"层"菜单栏下，有一系列以G开头的Gerber格式文件，勾选相关的Gerber图层文件，主要包括GTL、GBL和GKO共3个文件。不同文件对应于PCB文件的不同图层，其中，GTL文件对应顶层布线层，GBL代表对应底层布线层，GKO对应电气边界（也称禁止布线层）。

图4-5　勾选待输出的Gerber图层文件

（4）如图4-6所示，在"高级"菜单栏下勾选"使用软件弧"选项。默认情况下该选项未勾选，勾选后设计的圆弧会用线段来代替，以便于加工。

图4-6　设置圆弧处理方式

（5）完成以上设置后，单击右下方的确定按钮，即可在目标版图文件夹下生成 3 个图层的 Gerber 文件，后缀名分别为 . GTL，. GBL 和 . GKO。

（6）下面输出 Excellon 格式的钻孔文件。选择菜单栏"文件"☞"制造输出"☞"NC Drill Files"，弹出 NC Drill 设置界面，按图 4 - 7 进行以下设置，其选项含义与图 4 - 4 内容类似。单击右下方的确定按钮确认，即可在目标文件夹下生成钻孔文件，其后缀名为 . txt。关闭 Altium Designer 软件，. Cam 加工文件无须保存。以上就完成了生产文件的输出。

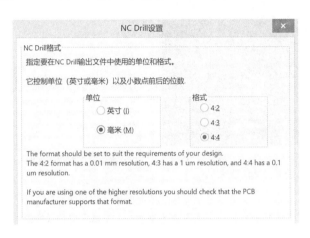

图 4 - 7　Excellon 格式钻孔文件数据格式设置

2. 转换文件格式

DL - 300B 激光电路板加工系统的驱动软件为 DreamCreaTor，该软件无法根据单一图层的 Gerber 文件直接进行加工，而需要先将电气边界与顶层/底层图案合并，然后将顶层/底层的线路数据生成具体的、具有可操作性的刀具加工路径，转换为 DreamCreaTor 可以识别的格式文件，这一过程中需要用到 CircuitCAM 文件格式转换软件。以下是具体的文件格式转换过程。

（1）双击桌面上的 CircuitCAM 图标，启动软件。点击菜单栏"文件"☞"导入"，弹出"选择要导入的文件⋯"设置框，选择待加工的打孔文件（. txt），单击 打开 按钮。弹出"导入"设置框，设置数值格式为 4 ∶ 4，单击 确定 按钮，如图 4 - 8 所示。

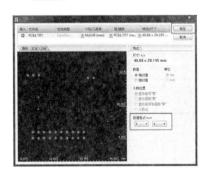

图 4 - 8　导入钻孔文件设置

（2）用鼠标左键框选 PCB mark 标记以外的圆孔，按键盘上的 Delete 键删除，仅留下两个 mark 标记。选中所有标记孔，在工具栏图层下拉框中设置为"Fiducial"层（参考点层）。单击菜单栏"修改"☞"转化成闭合轮廓线"，工作区的所有标记孔由实心圆变为圆弧，如图 4-9(a)所示。在左侧栏 Fiducial 层单击设置该层为"不可选"，如图 4-9(b)所示。

（a）选取两个通孔为标记点，删除其他通孔， （b）将标记点所在的Fiducial层设为"不可选"
并将通孔转化为闭合轮廓线

图 4-9　激光雕刻标记孔设置步骤

（3）选择菜单栏"文件"☞"导入"，弹出"选择要导入的文件…"设置框，选中 PCB 边框文件(.GKO)，单击 打开 按钮。在弹出的"导入"设置框，单击 确定 按钮。

选中所有边框线条，在工具栏图层下拉框中设置为"BoardOutline"层（板轮廓层），鼠标左键单击菜单栏"修改"☞"布尔运算"☞"并集"（或空白区单击右键，在菜单选择"合并"），将图案合并。在左侧栏 BoardOutline 层点击设置该层为"不可选"。

（4）导入 PCB 图案文件。假设先转换底层版图文件，选择菜单栏"文件"☞"导入"，弹出"选择要导入的文件…"设置框，选中 PCB 底层图案文件(.GBL)，单击 打开 。弹出"导入"设置框，单击 确定 。选中加工图案，在工具栏下拉框中设置为"Toplayer"层（顶层图层）。在左侧栏中将 Fiducial 层和 BoardOutline 层设置为"可选"。

（5）选中工作区所有图案，单击右侧栏脚本程序的 StripingAndStriping 命令，在"运行工作"弹出框中单击 Run 按钮，软件即开始转换，如图 4-10 所示。

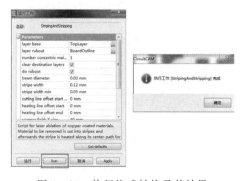

图 4-10　执行格式转换及其结果

结束后,单击菜单栏"文件"☞"保存",即可保存该加工文件。单击菜单栏"文件"☞"导出…"☞"LMD",即可将 PCB 设计文件转化为仪器可加工的文件格式(.LMD)。

转换顶层版图文件时,需在保存关闭当前文件后,重复上述(1)～(5)操作步骤。其中,在操作(4)中选择 .GTL 文件导入。

3. 导入文件并浏览

(1)双击上位机桌面的 DreamCreaTor 图标运行软件,输入用户名和密码,登录进去后显示如图 4-11 所示软件界面。

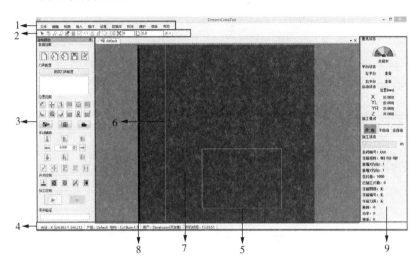

图 4-11　DreamCreaTor 软件初始化界面

图中的各标号含义为

1:菜单栏;

2:工具栏;

3:控制面板;

4:当前光标坐标及项目信息状态栏;

5:材料范围;

6:相机盲区线;

7:平台区域;

8:最大行程区域;

9:状态面板。

按下设备主机按钮,运动平台进行初始化。设备长期未运行初次打开时,需预热 20 分钟。

(2)单击菜单栏"文件"☞"新建项目",弹出"项目配置"窗口,在下拉栏中选择合适的物料(物料即覆铜板,主要参数包括覆铜板厚度与铜箔厚度,需根据实际材料进行选择),在这里选择"1.5 电镀",单击 确定 ,如图 4-12 所示。

如果换用的覆铜板参数发生改变,需先进行物料配置,即要在数据库中创建新物料类型。

图 4 - 12　加工项目物料配置

　　(3)单击菜单栏"文件"☞"导入文件",导入转化生成的.LMD格式文件,在"图档位置"勾选"平台中心",单击 确认 ,即可导入待加工文件,软件加工区出现如图4-13所示图形。

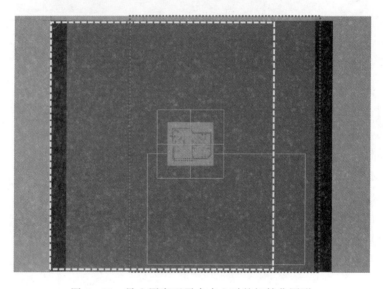

图 4 - 13　导入图案至平台中心时的初始化图形

　　图4-13中出现的虚线框表示激光头可加工区域,覆铜板加工区域要确保位于虚线框内部。点线框表示摄像头可观察区域,覆铜板上的Mark标记孔要位于点线框内部。图中加工图案自动被分为4个加工区域。加工过程中,将按"先左后右,先上后下"的顺序对图案分区域进行加工。

　　(4)左侧控制面板的按键分布如图4-14所示,各按键功能如下:

　　1:"数据加载"项,对应"文件"菜单下的子项,从左到右,依次是 新建项目 、 打开项目 、

导入文件、保存项目和另存项目;

2:图层信息以及图层所对应的刀具显示窗口,可以选择查看不同图层的刀具情况,选择某一把/一些刀具加工,并且可以快捷进入刀具库修改刀具参数;

3:激光头移动至图形左上角、右上角、左下角、右下角、中心、所选对象;

4:图形左上角、右上角、左下角、右下角、中心、所选位置移动到激光头;

5:摄像机移动到所选图形位置;

6:所选图形对象停靠至摄像机;

7:打开摄像机定位界面;

8:平台 X 轴、Y 轴和 Z 轴的运动控制(中间空白处的数值代表每次点击运动控制按钮所移动的量,单位为 mm,这个数值根据需要自行输入);

9:激光头(平台)移动到鼠标指定位置;

10:激光头(平台)移动到用户输入的坐标位置;

11:激光头(平台)移动到用户设定的左/右平台暂停位;

12:激光头(平台)移动到平台零位;

13:风罩控制开关;

14:左/右平台吸尘器开关;

15:吹气开关;

16:门开关;

17:加工开始/停止、暂停/继续键;

18:条码验证栏。

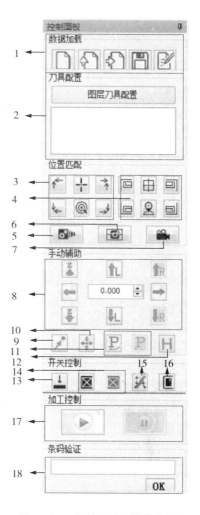

图 4-14　控制面板按键分布图

(5)工具栏的各图标分布如图 4-15 所示,各图标功能如下:

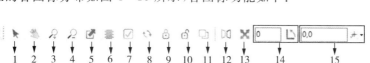

图 4-15　工具栏图标分布

1:图形元素选择;

2:平移当前工作区域视窗,单击后,鼠标移至工作区域按住左键不放,移动鼠标到达想要观察区域后放开左键即可;

3:窗口放大,以鼠标为中心进行放大;

4:窗口缩小,以鼠标为中心进行缩小;

5：显示所有可加工区域；

6：最大化图形显示；

7：快速选择分图；

8：反选；

9：图形锁定；

10：图形解锁；

11：打开拼版界面；

12：图形镜像，以图形自身的中心 Y 轴对称进行镜像；

13：图形整体平移，点击平移图标然后点击选择平移基点，拖动图形到需要的位置，再次单击鼠标左键即可；

14：通过输入角度值进行旋转对应角度；

15：输入相对坐标偏移所选分图/图元相对移动，相对距离移动图元。

4. 放板

仪器的加工底座是由高分子材料制成的蜂窝状镂空结构，下方通过气体管道连接至一个真空泵，当真空泵工作时，管道内部形成负压，从而使底座上方的覆铜板在加工过程固定。因此加工底座在真空泵开启时就是一个吸盘。

在底座周边贴上一圈纸胶带，在底座正中心放置一块待加工的覆铜板（已预先钻孔形成 Mark 标记），保证覆铜板四周与下方纸胶带有交叠，避免开启吸盘后发生漏气，降低吸力。

5. 刀头配置

激光电路板加工通常分三步完成，首先是用特定参数的激光在线路周围刻蚀出线路的外形，然后把不需要的铜箔以一定的宽度切成窄条，最后再用加热的方式把铜条去除。因此需要在不同阶段进行刀具的配置。

图 4 - 16　图层刀具配置

（1）单击软件左侧控制面板的 图层刀具配置 按钮，弹出"图层道具配置"设置界面，如图 4 - 16 所示。在"加工阶段"栏中，单击"Milling"，右侧的"配置刀具"栏中出现"TopLayer_contour_cutting"，"TopLayer_parallel_cutting"和"TopLayer_heating"三个图层选项，分别为这三个图层在刀具下拉栏中依次设置"contour_cutting"，"parallel_cutting"和"heating_cutting"的刀具。

（2）在"加工阶段"区，单击"Fiducial"，右侧的"配置刀具"栏中出现"Fiducial"图层，对应刀具在下拉栏中选择"Fiducial"，如图 4 - 17 所示。

确认图层刀具配置无误后，单击 保存 ，再关闭"图层刀具配置"设置界面。

图 4 - 17　参考点刀具配置

6. 定位

DL-300B 激光电路板加工系统利用摄像头对镜头视野内的两个 Mark 点分别对齐,从而实现对覆铜板的坐标定位。具体的操作简述如下:

(1)在覆铜板上确定 Mark1 标记孔,通过 X/Y 平移键,将激光头移至 Mark1 标记孔附近。单击 摄像头定位 按钮,在弹出界面中点击“操控”区的 切至摄像头 按钮,如图 4 - 18 所示,弹出框界面左上方出现覆铜板图像。

图 4 - 18　操控区按钮

(2)通过调节位移量和 X/Y 平移键,将摄像头与覆铜板上的标记孔中心对齐,单击图 4 -18中 至相机焦点位 按钮时能清晰看到标记孔位于摄像头视野正中心。

(3)用鼠标框选软件加工区中的 Mark1 标记圈,单击 所选对象停靠至摄像机 ,在弹出框中单击 当前分图 ,此时软件就将 Mark1 标记圈中心与覆铜板 Mark1 标记孔中心位置实现了坐标对应。

(4)在弹出界面的右侧“定位”栏中,选择“自动定位”,靶标类型选择“圆形”,与实际的 Mark 标记形状对应,勾选“暗靶标”(未钻孔处反射率高像素亮度高,标记孔处反射率低像素亮度低)。“自动搜寻步长”是当靶标不在搜索视野内时,摄像头自动搜索时每一步移动的距离,“最大步数”是当搜索步数达到最大搜索步数时,仍没有找到靶标时,摄像机搜索会自动停止,并提示手动寻找。合理增加搜寻步长和最大步数有利于提高自动定位成功率,同时不显著增加定位时间。

单击 开始 按钮,此时设备自动寻找 Mark2 标记孔,如图 4 - 19 所示。

如果覆铜板上制作的标记点圆度高、尺寸近似、周边无杂屑,此时软件容易实现自动定

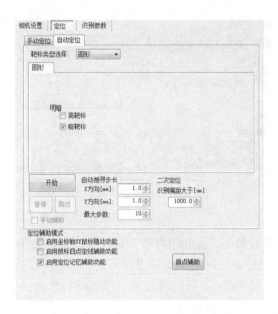

图 4-19　设备自动定位设置与操作

位。如果失败,可在"识别参数"菜单栏中适当降低图像识别阈值。

7. 雕刻

单击图 4-18 中的 切至激光头 按钮,此时激光刀头对准 Mark1 标记孔,单击左侧控制面板"开关控制"区的 风罩控制 开关按钮,使覆铜板固定在底座上。

单击"加工控制"区的运行按钮,此时设备既可重新进行自动定位,也可沿用上一步自动定位结果,在覆铜板表面进行图案雕刻。软件右下角可显示加工进度。

加工完成后,可取下加工后的覆铜板,观察雕刻结果。

如果雕刻结束,可先关闭 DreamCreaTor 加工软件,关闭上位机。待上位机系统关闭后,再按起【主机开关】按钮,最后关闭设备总开关。

4.1.3　设备使用技巧与注意事项

(1)为保证 Z 轴高度的准确控制,必须将材料的厚度进行设定,若加工的覆铜板规格参数发生改变,加工参数也不相同。

(2)激光机开始加工前一定要保证加工台面上无工具等异物,避免碰撞损坏设备。

(3)定期清理镜头粉尘,通常半年一次。擦拭镜头必须使用镜头纸,以防擦花,影响激光传输。

(4)机器工作时一定要使用吸尘器!定时更换过滤网兜,通常 3 个月一次。

(5)确保只有经过授权的人员才能操作 DreamCreaTor 软件。

(6)机器工作时关闭门罩,防止激光直接照射到身体的任何部位。

(7)紧急情况下,立即断开电脑连接和切断刻板机电源。再次使用时,电脑也要重新启动。

4.2　HW－3232PlusV＋视频电路板雕刻一体机的操作与使用

HW－3232PlusV＋视频电路板雕刻一体机由无锡华文默克仪器有限公司推出,该设备可根据 PCB 设计软件(如 Protel、PADS、Proteus、CAM350、Cadence、EAGLE 等)输出的版图文件,自动、快速、精确地制作单、双面印制电路板。用户只需在计算机上完成 PCB 文件设计并根据其生成加工文件后,通过 RS－232 或 USB 通信接口传送给雕刻机的控制系统,设备就能快速的自动完成钻孔、雕刻、割边等功能,制作输出所设计的电路板。无限次的软件升级、配套的物理孔化设备等,使得产品配套灵活多样,真正实现了低成本、高效率的自动化制板。该设备操作简单,可靠性高,是高校电子、机电、计算机、控制、仪器仪表等相关专业实验室、电子产品研发企业及科研院所、军工单位等的理想工具。

HW－3232PlusV＋视频电路板雕刻一体机的主要功能包括以下方面:

(1)在覆铜箔板上钻孔;

(2)控制切入深度精铣,用雕刻刀剥掉不需要的铜箔,形成导线焊盘;

(3)轮廓透铣、沿外形线进刀,使电路板与板材分离;

(4)原点直接设置、复位功能;

(5)软件虚拟加工,可预览加工路径;

(6)实时加工路径、进度显示;

(7)多孔径钻孔一次完成,省却了频繁的换刀工序;

(8)断点续雕,任意位置停止、恢复雕刻;

(9)智能组合雕刻,可设置粗细两把刀加工,最大程度地保证加工精度、缩短加工时间;

(10)任意区域选择雕刻,满足补雕、精雕的需要;

(11)无刷直流主轴电机,转速最高达 60000 rpm;

(12)智能化转速控制,根据刀具自动优化主轴转速;

(13)改进的孔金属化工艺,无须化学电镀,物理孔化方法,真正环保。

4.2.1　设备硬件简介及技术参数

HW－3232PlusV＋视频电路板雕刻一体机整机正面如图 4－20 所示。雕刻机工作时,待加工覆铜板固定于加工底座上,加工头位于加工底座上方,并可通过 $X/Y/Z$ 轴步进电机进行移动。工业摄像头用于寻找、对准标记点,从而使加工头中心对齐加工零点。

（a）整体图　　　　　（b）加工台面

图 4－20　HW－3232PlusV＋视频电路板雕刻一体机

雕刻一体机控制面板如图 4-21 所示。

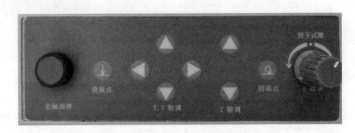

图 4-21　雕刻一体机控制面板

各按钮/旋钮功能如下：

(1)【主轴启停】按钮：按钮按下，主轴电源关闭，电机停止运行；按钮弹出，主轴电源闭合，电机运行。

(2)【设原点】按键：每按一次，就以加工头当前 $X/Y/Z$ 位置设为原点，作为加工的基准位置。

(3)【X/Y 粗调】按键：有两种按键方式：按下不放与单按一次。按下不放时加工头沿着指定的 X、Y 方向连续移动，单按一次时移动一步。

(4)【Z 粗调】按键：按键方式与 X/Y 粗调按键相同，可实现加工头在 Z 方向的快速移动。

(5)【回原点】按键：当加工头坐标 $X/Y/Z$ 都不在原点时，按一下按键，加工头 X/Y 坐标回到原点位置，再按一下，Z 坐标回到原点位置。当 X/Y 坐标已经在原点位置时，按一下该按钮，Z 坐标回到原点位置。

(6)【Z 微调旋钮/试雕】按钮：该旋钮有两个功能：微调加工头高度与控制试雕。微调加工到头高度时，将该按钮顺时针方向转 1 格，加工头向上移 0.01 mm，沿逆时针方向转 1 格，加工头下移 0.01 mm。需要试雕时，按下旋钮，加工头开始试雕，控制刀头沿 PCB 轮廓线走一圈。

HW-3232PlusV+视频电路板雕刻一体机主要的技术参数见表 4-2 所列。

表 4-2　HW-3232PlusV+视频电路板雕刻一体机主要的技术参数

最大工作面积	320 mm×320 mm
加工面数	单/双面
驱动方式	X、Y、Z 轴步进电机
最大转速	60000 rpm
最大移动速度	7.2 m/min
最小线宽	4 mil(0.1016 mm)
最小线距	6 mil(0.1524 mm)
加工速度	60 mm/s(max)
钻孔深度	0.02~3 mm

（续表）

钻孔孔径	0.4～3.175 mm
钻孔速度	180 Strokes/min(max)
操作方式	半自动
通信接口	RS232/USB
计算机系统	CPU:PⅢ－500MHz 以上;内存:256M 以上
操作系统	Windows XP/Vista/Win 7
电源	交流(220±22) V,(50±1) Hz
功耗	120 VA
质量	66 kg(主机 54 kg、电控箱 12 kg)
外形尺寸	750 mm(L)×660 mm(W)×1200 mm(H)
保险丝	3 A

4.2.2　雕刻一体机操作流程

本小节以 Altium Designer 版图设计软件绘制的双层 PCB 为例,演示 HW－3232PlusV＋视频电路板雕刻一体机的操作流程,对应流程如图 4－22 所示。完整的操作流程分为准备阶段和加工阶段,其中准备阶段主要完成生产文件的输出、导入与查看,覆铜板的固定粘贴,刀头的安装等;加工阶段则包括试雕、钻孔、雕刻与割边等步骤,下面分别进行介绍。

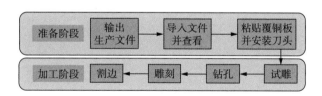

图 4－22　雕刻一体机操作流程示意图

1. 输出生产文件

Gerber 和 Excellon 文件的转换输出详见本书 4.1.2 节步骤 1。

2. 导入文件并查看

这一环节将介绍加工文件的导入与文件查看。

(1)雕刻一体机设备电源与上位机电源是独立的,设备电源位于设备右侧,上位机电源位于加工底座下方机柜中,分别开启两个电源。在计算机重启后,桌面双击 Circuit Workstation 图标,即可打开加工软件初始化界面,如图 4－23 所示。若设备未开启电源或未连接上位机,会有窗口提示"设备无法连接,是否仿真运行?",单击 是 ,进入仿真状态,单击 否 ,重试连接,单击 取消 ,则直接退出程序。

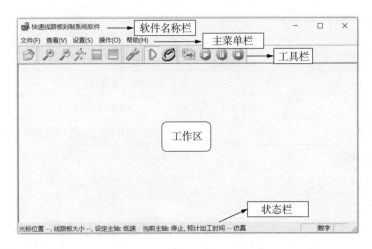

图 4 - 23　加工软件初始化界面

(2)单击软件菜单栏"文件"☞"打开文件",弹出图 4 - 24 设置界面,选择合适的文件类型(若从 Altium Designer 软件输出 Gerber 文件,则选"Cam350/Cadence"),电路板类型根据所需加工的 PCB 文件类型进行选择。本次示例加工文件为双面 PCB 文件,因此选"双面板"。

若加工文件为单面板,则依据 PCB 版图文件中线路图案设在顶层还是底层进行选择,该选项会影响钻孔和雕刻结果,需要根据实际情况进行设置。

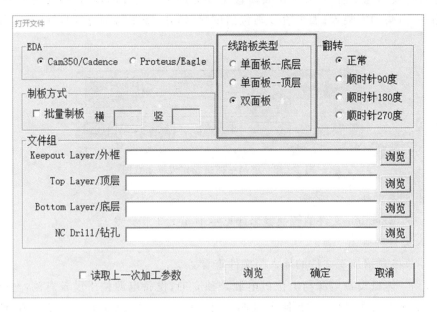

图 4 - 24　Gerber 文件导入设置

(3)按图 4 - 25 分别单击 浏览 按钮,导入对应的外框图层、顶层图层、底层图层和钻孔文件,单击下方 确定 按钮即可将 PCB 加工文件导入设备。另一种更简便的方法是单击图

4-24最下方的 浏览 按钮,在窗口中选择加工文件夹中任意后缀名的文件,如 PCB1.GKO,单击打开,软件即可自动匹配不同图层的加工文件,结果如图 4-25 所示。

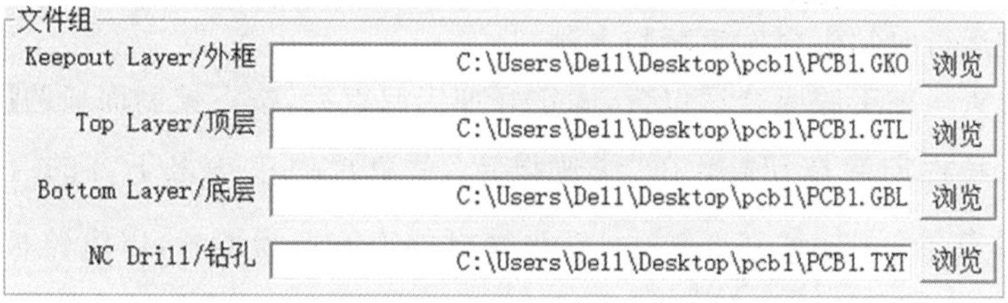

文件组		
Keepout Layer/外框	C:\Users\Dell\Desktop\pcb1\PCB1.GKO	浏览
Top Layer/顶层	C:\Users\Dell\Desktop\pcb1\PCB1.GTL	浏览
Bottom Layer/底层	C:\Users\Dell\Desktop\pcb1\PCB1.GBL	浏览
NC Drill/钻孔	C:\Users\Dell\Desktop\pcb1\PCB1.TXT	浏览

图 4-25　导入设备加工所需 Gerber 文件和钻孔文件

(4)正常打开后,软件加工窗口默认显示电路板底层。如无法显示图像,说明在 Gerber 文件输出过程中产生问题。在窗口下方的状态栏中,显示当前光标的坐标位置、电路板的大小信息、主轴电机的设定与当前状态,及联机状态信息。默认的单位为英制(mil),可通过主菜单"查看"☞"坐标单位切换"将显示单位切换至公制(mm)。

鼠标左键单击工具栏上的 🔍、🔍、🔍 钮可放大、缩小、适中显示 PCB 版图,也可按键盘上的 PageUp、PageDn 来放大、缩小显示。在线路图上按住鼠标右键,可拖动整个版图。

鼠标左键单击工具栏上的 ▢、▢ 钮,用于 PCB 版图文件中的顶层、底层图案显示的切换。

鼠标单击主菜单"查看"☞"孔信息",可在版图上显示所有通孔,再次单击则取消显示。

3. 粘贴覆铜板并安装刀头

(1)安装双面板之前打基准线孔,可以保证翻面后板子的方位及水平度。打基准线孔之前需先安装钻头。

仪器厂商提供了 0.4 mm、0.5 mm、0.6 mm、0.7 mm、2.0 mm 直径的 PCB 钻头(数量分别为 1、1、1、1、2 个),和 0.8/3.0 mm 的 PCB 铣刀(数量分别为 3、1 个),如图 4-26 所示。其中钻头主要用于钻孔,铣刀不仅可以用于钻孔,还适合割边和铣平基准面。

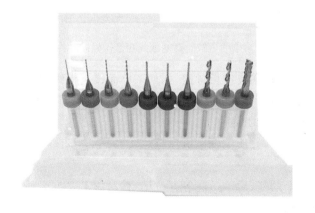

图 4-26　PCB 钻头与 PCB 铣刀实物图

用规格为 8 和 12 的两个开口扳手分别固定加工头上、下方的螺纹口,同时向中心拧,即可拧松,换上 2.0 mm 的 PCB 钻头,向两侧拧则拧紧。

(2)按起设备控制面板上的【主轴启停】按钮,此时钻头应开始高速转动。如若不转,单击工具栏 主轴启停按钮 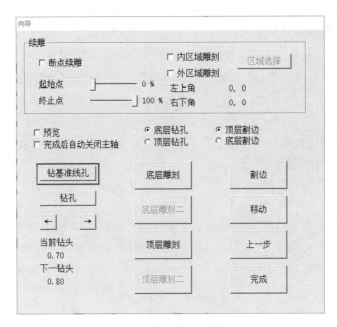,并检查设备是否处于仿真运行状态。在加工过程中务必保证钻头旋转,否则在运行时钻头会发生断裂飞溅。

(3)移动刀头至加工底座合适位置,确定好加工起点后,按下控制面板的【设原点】按键。

(4)单击工具栏向导按钮,在"快速设定"菜单栏中单击最下方的 下一步 ,进入如图 4-27 所示的菜单,单击 钻基准线孔 ,钻头将以加工原点为参考,以电路板图的长度为水平方向的最大尺寸,在同一方向上钻两个孔。这样在一面加工完毕后,只需取下电路板,沿水平方向翻转,对准工作台上留下的定位孔,放置电路板,就能保证板子的方位和水平度。显然,钻基准线孔并不是每一次都需要操作的,打完基准线孔后也适用于后续覆铜板的定位参考。

图 4-27 钻基准线孔操作界面

(5)取一块空白覆铜板,在覆铜板背面(如加工单面覆铜板则为环氧树脂面,如加工双面板则任意)不重叠地粘贴若干条双面胶,然后让覆铜板底边与两个定位孔形成的基准线重合,按压覆铜板使其固定在加工底座上。

(6)安装 0.8 mm 铣刀,并使主轴电机保持运转,为下一步试雕做准备。

4. 试雕

(1)通过控制面板上的前、后、左、右等方位键,移动加工刀头至某块空白区域的左下角,位置合适时,不再改变加工刀头 X/Y 坐标。

(2)先按下控制控制面板上的【下降粗调】按键不放,高度降低至覆铜板上方 3~5 mm 时,换为单次按动【下降粗调】按键和逆时针旋转【高度细调】旋钮,使钻头缓慢下降。当钻头与覆铜板铜箔接触并发出滋滋声时,就说明钻头高度已调到合适范围。

(3)按下控制面板上的【设原点】按键,设备将记录此时刀头的三维坐标,并将此位置对应于待加工 PCB 版图左下角。后续加工中试雕、钻孔、雕刻、割边等步骤均从版图左下角开始加工。

(4)按下控制面板上的【试雕】按钮,刀头从 PCB 版图边框左下角开始顺时针移动。在试雕过程中要根据实际情况调整钻头高度,一方面要确保钻头与覆铜板接触,如果粉末量过少甚至没有,则需要顺时针旋转【Z 微调】旋钮;另一方面,也要避免钻头下降过深影响导线宽度,如果粉末量过多,则逆时针旋转【Z 微调】旋钮以减少粉末产生量。粉末量到底多少合适是一个“度”的控制问题。掌握这个度,对后期调节雕刻刀高度至关重要,影响着 PCB 线宽和良品率。

(5)如果试雕顺利,则钻头在覆铜板上刻出一圈边框层,再次按下控制面板上的【设原点】按键。如果第一次试雕过程出现粉末量过少或过多的情况,可以再试雕一次。

5. 钻孔

(1)单击菜单栏向导按钮，在弹出界面的“快速设定”栏中,可以看到当前文件的通孔信息,如图 4-28(a)所示。

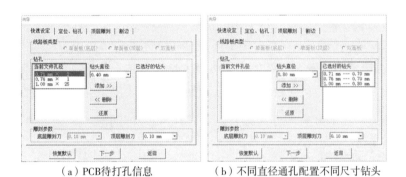

(a)PCB待打孔信息　　　　　(b)不同直径通孔配置不同尺寸钻头

图 4-28　PCB 钻孔信息及钻头直径设置

此时需为所有通孔配置加工钻头,具体配置时有“选小不选大,选近不选远”两条依据,其中第一条优先考虑。“选小不选大”即钻头直径不得超过通孔设定直径。例如,0.71/0.76 mm 的通孔选择 0.7 mm 的钻头,1.00 mm 的通孔选择 0.8 mm 铣刀通过挖孔实现。“选近不选远”表示优选最接近通孔直径的钻头,比如:原则上 1 mm 的通孔也可通过 0.70 mm 直径及以下钻头实现,但实际中容易折断,因此选择 0.8 mm 铣刀实现。

设置钻头直径时,点击“0.71 mm×2”,在钻头直径下拉框中选择“0.70 mm”,单击$\boxed{添加}$;然后单击“0.76 mm×1”,在钻头直径中选择“0.70 mm”,单击$\boxed{添加}$;最后点击“1.00 mm×25”,在钻头直径中选择“0.80 mm”,单击$\boxed{添加}$,即完成钻头型号添加,如图 4-28(b)所示。

钻孔过程中默认按照先钻小孔后钻大孔的顺序进行加工,所以先换下 0.8 mm 的铣刀,更换 0.7 mm 钻头。

(2)在向导界面的“定位、钻孔”栏中设置钻孔深度,默认为 2.0 mm,如图 4-29 所示。

针对不同厚度覆铜板设置不同钻孔深度。

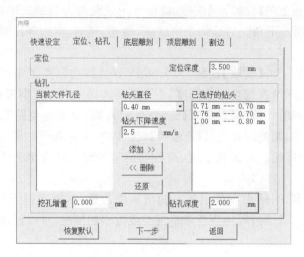

图 4-29　钻孔深度设置

（3）设置好钻孔深度后，单击 下一步 ，进入钻孔控制页面，如图 4-30 所示。根据实际需要选择"底层钻孔"或"顶层钻孔"，如钻孔图案与 PCB 顶层图案孔分布相同就选择"顶层钻孔"，否则选择"底层钻孔"。在本示例中选择"顶层钻孔"。

页面中提示当前钻头为 0.7 mm，下一次钻头直径为 0.8 mm，安装 0.7 mm 直径钻头，单击 钻孔 按钮，屏幕提示"请安装 0.70 mm 的钻头"时单击 确定 ，屏幕提示"设当前位置为原点"时单击 确定 ，加工刀头即开始运行。在软件界面中，可观察到通孔未加工时为洋红色，钻孔后变为黑色。

加工刀头钻完 0.7 mm 通孔后，将自动回到原点正上方。

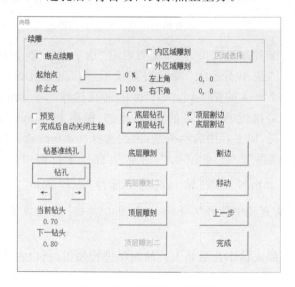

图 4-30　覆铜板钻孔设置

(4)按下控制面板的【主轴启停】按钮,刀头停止旋转,更换 0.8 mm 铣刀,按起【主轴启停】按钮,刀头恢复旋转。缓慢下降刀头直至钻头与原点接触,再次按下 钻孔 按钮,完成所有钻孔任务,之后刀头会归位至原点上方。

6. 雕刻

(1)按下控制面板的【主轴启停】按钮,刀头停止旋转,更换 PCB 雕刻刀,这里选择型号为 2004 的雕刻刀。同时单击向导界面 上一步 ,在"快速设定"菜单栏中,在雕刻参数区将顶层和底层雕刻刀的尺寸在下拉框中选择"0.40 mm",如图 4－31 所示。

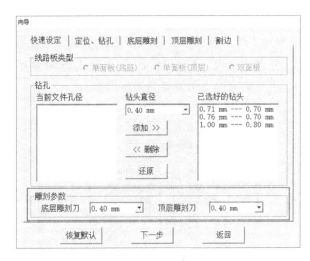

图 4－31　雕刻刀配置

厂家提供了型号为 2001、2002、2003、2004 的雕刻刀,前两位数字表示刀尖角度为 20°,后两位表示刀尖直径分别为 0.10 mm、0.20 mm、0.30 mm、0.40 mm,数值越小表示加工精度越高,加工速度较慢,数值越大则加工精度较差,速度快。PCB 雕刻刀外观如图 4－32 所示。

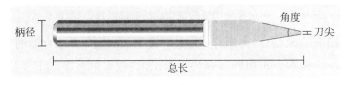

图 4－32　PCB 雕刻刀外观

(2)按起控制面板的【主轴启停】按钮,使雕刻刀开始旋转,下降刀头位置直至与覆铜板接触。鼠标单击如图 4－30 所示的 顶层雕刻 按钮,刀头开始雕刻,雕刻初期要根据粉末产生量微雕刀头高度至合适值。

雕刻过程中加工界面及任务栏左下角会显示加工信息。

(3)雕刻完成后,先进行吸尘,再观察 PCB 板上所有顶层图案细节是否加工完毕。由于刀头直径较大,局部导线之间可能没有隔离,即存在导线短路。如果发现上述现象,应换用高精度刀头进行局部精细加工。

换上型号为 2002 的雕刻刀并降至合适高度,在"快速设定"菜单栏,将顶层雕刻刀的尺寸配置为"0.20 mm",进入 下一步,勾选向导界面"续雕"区域的"内区域雕刻",单击区域选择,如图 4-33 所示。

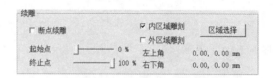

图 4-33　局部区域雕刻设置

在顶层版图需要精细加工的局部区域按住鼠标左键绘制一个方形,单击 顶层雕刻。存在多个局部加工区域时,分别进行内区域雕刻即可。示例文件中需要单独进行精细加工的区域已在图 4-34 标出,注意实际操作中需要分别框出。

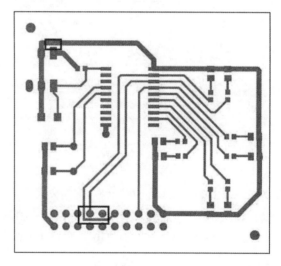

图 4-34　示例文件中需精细加工的局部区域(矩形框区域)

(4)完成顶层图案的雕刻后,先吸尘,再取下覆铜板,清除干净背面的双面胶带,然后在顶层粘贴双面胶带,将覆铜板正面固定在加工底座上,底边与基准线平齐。

(5)接下来需要借助摄像头对覆铜板背面进行定位,使加工刀头移至原点。在此之前需要设定摄像头的偏移量,即确定摄像头与刀头的 X、Y 坐标差。需要特别指出的是,该偏移量一旦获取后,一般可以在后续加工中继续沿用,不用每次实验都获取该值。

偏移量具体的测量方法如下:在电路板的电气边界层之外,用 0.8 mm 的铣刀钻一个孔,单击工具栏上的摄像头按钮 📷,在雕刻移动界面中,单击下方的 设原点。再单击打开摄像机,并将其移至 0.8 mm 通孔并放大对准圆孔中心,单击 获取偏移量 即可自动得到加工头与摄像头中心的坐标差。

(6)在加工软件图形界面上确定两个标记点(一般选通孔),分别用鼠标选中后右击"标记 MARK1 点""标记 MARK2 点",如图 4-35 所示。

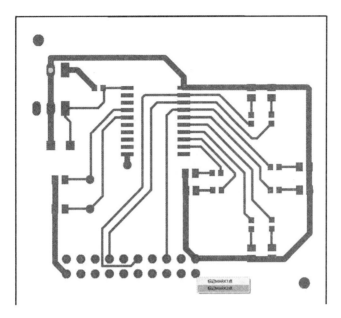

图 4 - 35　标注点设置

通过单击弹出界面中的 $\boxed{\text{X/Y 轴粗调}}$ 按钮（或控制面板上的【X/Y 粗调】按钮）和 $\boxed{\text{X/Y 轴微调}}$ 按钮，移动摄像头至标记点。当覆铜板上的 MARK1 点与摄像头视野中心对齐时，单击 $\boxed{\text{设 MARK1 点}}$；当覆铜板上的 MARK2 点与摄像头视野中心对齐时，单击 $\boxed{\text{设 MARK2 点}}$；最后单击 $\boxed{\text{重定位}}$，如图 4 - 36 所示。软件通过计算会自动确定背面的原点，并控制加工刀头移动至原点上方。

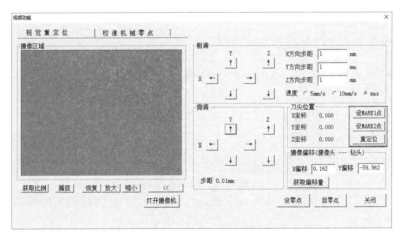

图 4 - 36　覆铜板背面重定位操作

（7）覆铜板底层图案的雕刻与顶层雕刻方法一致，具体参照雕刻步骤的（1）～（3），这里不再赘述。

7. 割边

割边是利用铣刀沿着电路板的电气边界层(也称禁止布线层)走刀,将板子从覆铜板上切割下来的过程。割边默认使用 0.8 mm 铣刀。

(1)割边设置在向导界面的"割边"栏中,这里可以设置割边深度和割边速度,默认参数如图 4-37 所示。一般要保证割边深度比覆铜板厚度大 0.2 mm 及以上,确保加工的 PCB能从覆铜板上分离。

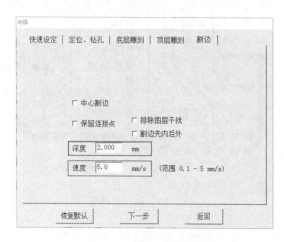

图 4-37　割边参数设置

(2)在向导界面中,选择"底层割边",单击 割边 ,刀头从原点出发沿电气边界开始进行移动。

(3)加工完成后,先对 PCB 进行吸尘,再取下 PCB 板和覆铜板,将加工刀头抬起后再次对加工台面全面吸尘。关闭设备电源和软件,关闭上位机,清理台面上的杂物,最后扣上设备盖。

4.2.3　设备使用技巧与注意事项

HW-3232PlusV+视频电路板雕刻一体机使用过程中的技巧与注意事项包括以下内容。

(1)养成良好的习惯,刀头下降过程中确保刀头旋转。

(2)安装钻头、铣刀、雕刻刀时,不要把转夹头旋下,否则不容易装正。装刀头时定位环向上推到底,否则容易引起刀夹不正,致使高速旋转时声音过响,甚至断刀。最后,必须拧紧夹头。

(3)在刀头加工时,如果发现刀头过深或过浅,可通过 Z 微调旋钮实时调节主轴高度,注意需缓慢调节。

(4)如 X、Y 长时间停留在两侧极限位置,设备将自动进入断电保护状态,所设置的参数将丢失,请谨慎操作,尽量避免将 X、Y 移至两轴极限位置。

(5)按控制面板功能键设备若无反应,请检查 RS-232 转 USB 通信线缆是否正确连接。

(6)PCB 加工完成后,将加工底座清理干净,不要留下双面胶等残留物,以保持下次使用时底座和覆铜板平整。

（7）本设备 Z 轴最大行程为 35 mm，如果提示"深度太深，超出范围，请减小深度再试"，是因为 Z 轴超出了最大运动范围，请用内六角扳手松开主轴电机固定架，稍许向下移动主轴电机。

4.3　HW-K1000 专业智能化孔机的操作与使用

金属化孔（plated through hole，PTH），又称孔化、沉铜、镀通孔，指孔金属化这一工艺。孔金属化是指各层印制导线在孔中用化学镀和电镀方法使绝缘的孔壁上镀上一层导电金属使之互相可靠连通的工艺。金属化孔是双面和多层印制版制作的必要步骤。金属化孔工艺要求严格，要求有良好的机械韧性和导电性，金属化铜层均匀完整，厚度在 $5\sim10$ μm，镀层不允许有严重氧化现象，孔内不分层、无气泡、无钻屑、无裂纹，孔电阻在 1000 $\mu\Omega$ 以下。

4.3.1　设备硬件简介及技术参数

HW-K1000 专业智能化孔机能够对双面、多面印制电路板等非金属材料进行化孔，带有加热、鼓气及电镀功能，具体外形及主要部件如图 4-38 所示。HW-K 系列孔化箱采用新型环保黑孔化直接电镀工艺，安全、可靠、高效。黑孔液不含有传统的化学镀铜成分，取消甲醛和危害生态环境的化学物质在配方中的使用，属于环保型产品。化孔机槽体采用耐酸碱材料，恒温装置采用钛加热管，能自动恒温，槽体工作时间、温度可预设，操作简易方便，自动化程度高，贯孔导通率为 100%。

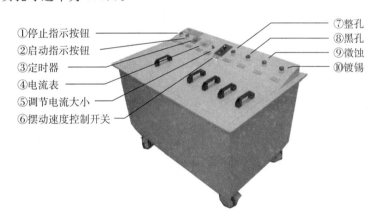

图 4-38　HW-K1000 专业智能化孔机外形及主要部件

HW-K1000 智能化孔机参数见表 4-3 所列。

表 4-3　HW-K1000 智能化孔机参数

PCB 最大工作面积	200 mm×280 mm
最小孔化孔径	0.4 mm
最大厚径比	2.5:1
输出电流	$0\sim15$ A
定时时间	$0\sim60$ min

4.3.2 金属化孔工艺流程

电路板孔化是双面板制作过程中的重要流程,主要包括过孔、焊盘孔金属化,流程如图 4-39 所示。

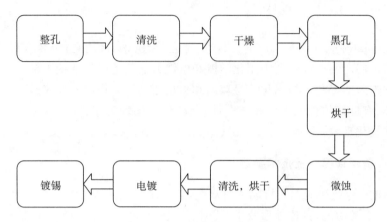

图 4-39 金属化孔工艺流程

1. 整孔

先将配比后的整孔液(去离子水:整孔原液=20:1)加温至 60 ℃,把钻孔后的电路板放入整孔液中浸泡,并上下轻轻摇晃 3~5 分钟。整孔是对电路板孔洞进行清理,处理金属碎屑及杂质,并将孔壁表面的电荷极性调整为负极性,以便吸附石墨和炭黑。

2. 清洗

用去离子水清洗孔内和表面多余的残留液。

3. 干燥

用电吹风将电路板吹干。

4. 黑孔化处理

将干燥后的电路板置于黑孔液中浸泡,上下轻轻摇晃 3~5 分钟,通过物理吸附作用,使孔壁基材的表面吸附一层均匀细致的石墨炭黑导电层。

5. 烘干

将黑孔液浸泡后的电路板直接放入 95~100 ℃的热风循环烘箱,5 分钟即干。

6. 微蚀

取出烘干后的电路板,放入微蚀液中,把电路板表面多余的黑孔剂去除,使仅在孔壁上吸附石墨炭黑。

7. 清洗

置于清水中轻轻摇晃,确保洗尽残留微蚀液。

8. 电镀

将清洗后的板子直接放入 $CuSO_4$ 电镀槽,必须确认所有接线连接是否正确,无误后即可电镀。用挂具夹好电路板,挂在电镀槽阴极铜管上,置中。并确保电路板完全浸在电镀液里。开启电镀电源,设定为恒流,电流勿太大,否则容易烧板。根据电路板大小设定电镀电流大小,建议采用如表 4-4 中参考值。

表 4-4　电镀电流参考值

电路板大小	设定电流
10 cm×10 cm	10A
15 cm×15 cm	10A
20 cm×20 cm	10A
电镀时间为 10～20 分钟	

9. 镀锡

直接放入化学镀锡液中镀锡。

4.3.3　设备使用注意事项

在使用包括电镀液、黑孔液、整孔液、微蚀液等溶剂时需要注意以下事项。

(1)一切溶剂无毒,极低腐蚀性,建议使用橡胶手套工作,及时用清水冲洗沾在皮肤上的溶剂,一定要避免溅入眼睛,更不能饮用。

(2)黑孔液应放在阴凉干燥处保存,使用后切记要封存,以避免溶剂挥发造成浓度改变影响电镀质量。

(3)为保护环境,请将使用完全的电镀液交由相关专业部门回收。

4.4　HW-C340 精密裁板机的操作与使用

HW-C340 高精密裁板机主要用于电路板制版工艺过程中电路板的分割裁板工艺,整机采用流线型的外观设计,及独特的省力杆设计及防误伤装置,让操作者安全轻松裁板。本机采用超强度特制钢,寿命更长久。其可以用于环氧树脂板、玻纤板等多种材质电路板的裁切。

产品参数:

(1)特制钢长寿命刀刃,耐用性强,独特的省力杠杆式设计,轻松切割各种厚板材。

(2)整机流线型的外观程符合人体工程学的设计。

(3)配置水平对位功能,可以方便地切割固定形状的 PCB 板。

(4)最大切割长度 340 mm,最大切板厚度 3 mm。

(5)具有对位和固定标尺,精度更高,使用更方便。

(6)防误伤安全装置,采用固定透明保护罩,既保证不会误伤手指,同时也可以清晰地观察切板过程及切板质量。

第5章 回流焊工艺流程

5.1 A8全自动锡膏印刷机的操作与使用

5.1.1 设备硬件简介及技术参数

A8全自动锡膏印刷机具有先进的上视/下视视觉系统、独立控制与调节的照明,能够精确地进行PCB板与模板的对准;具有特殊设计的高刚性悬浮式印刷头,刮刀压力、速度、行程均由电脑伺服控制,维持印刷质量的均匀稳定,其外形结构如图5-1所示。

工作指示灯

印刷工作区域

操作控制系统

进料口

电源/气源装置

图5-1 全自动锡膏印刷机外形结构

本机共由八个部分组成,分别是运输系统、网板夹持装置、PCB板夹持装置、视觉系统、刮刀系统、自动网板清洗装置、可调印刷工作台和操作控制系统。

1. 运输系统

运输系统包括运输导轨、运输带轮及皮带、步进电机、停板装置、导轨调宽装置等。运输系统对PCB进板、出板的运输、停板位置及导轨宽度的自动调节以适应不同尺寸的PCB基板。

2. 网板夹持装置

网板夹持装置包括网板移动装置及网板固定装置等。夹持网板的宽度可调,并可对钢网位置固定、夹紧。

3. PCB板夹持装置

PCB板夹持装置包括真空盒组件、真空平台、磁性顶针、柔性的夹板装置等。柔性的板处理装置可定位夹持各种尺寸和厚度的PCB基板,带有可移动的磁性顶针和真空吸附装置,有效控制PCB基板的挠度,防止板变形。

4. 视觉系统

视觉系统包括CCD运动部分和CCD-Camera装置(摄像头、光源)及高分辨率显示器等,由视觉系统软件进行控制。无限制的图像模式识别技术具有0.01 mm的辨识精度。

5. 刮刀系统

刮刀系统包括印刷头(刮刀升降行程调节装置、刮刀片安装部分),刮刀横梁及刮刀驱动部分(步进马达与丝杆直连)等。悬浮式印刷头,具有特殊设计的高刚性结构,刮刀压力、速度均由电脑伺服控制,调节方便,维持印刷质量的均匀稳定。

6. 自动网板清洗装置

自动网板清洗装置包括真空管、真空发生器、清洗液储存和喷洒装置、卷纸装置、升降气缸等。网板清洗装置被安装在视觉系统后面,通过视觉系统决定清洗行程,自动清洗网板底面。清洗时清洗卷纸上升并且贴着模板底面移动,用过的清洗纸被不断地绕到另一滚筒上。可编程控制的全自动网板清洁装置,具有干式、湿式、真空三种方式组合的清洗方式,彻底清除网板孔中的残留锡膏,保证印刷品质。

7. 可调印刷工作台

可调印刷工作台包括 Z 轴升降装置(升降底座、升降丝杠、升降导轨、阻尼减震器和伺服电机等),平台移动装置(丝杆、导轨及分别控制 X、Y、θ 方向伺服电机的移动来自动调节平台),印刷工作台面(磁性顶针、真空吸盘)等。通过机器视觉,工作台能够自动调节 X、Y 及 θ 方向位置偏差,精确实现印刷模板与 PCB 板的对准。

8. 操作控制系统

操作控制系统由工控机及控制软件、驱动器、步进电机、伺服电机、计数器、光电感应器以信号监测系统组成。采用 Win7 操作系统,智能化的先进软件控制,极大地方便了用户的使用。

由以上各部组成的全自动视觉印刷机在印刷焊膏时,锡膏受刮刀的推力产生滚动的前进,所受到的推力可分解为水平方向的分力和垂直方向的分力。当运行至模板窗口附近,垂直方向的分力使黏度已降低的焊膏顺利地通过窗口印刷到 PCB 焊盘上,当平台下降后便留下精确的焊膏图形。A8 全自动锡膏印刷机的技术参数见表 5－1 所列。

表 5－1　A8 全自动锡膏印刷机的技术参数

项　　目		参　　数
印刷参数	网框尺寸	370 mm×470 mm(最小尺寸)
		737 mm×737 mm(最大尺寸)
	PCB 尺寸	50 mm×50 mm(最小尺寸)
		400 mm×340 mm(最大尺寸)
	PCB 厚度	0.2～6 mm
	PCB 板扭曲度	max\PCB 对角线<1%(含 PCB 8 mm)
	重复定位精度	±0.01 mm
	印刷精度	±0.025 mm
	周期时间	<7 s(不包含印刷、清洗时间)
机械传动参数	支撑方式	磁性顶针/等高块可调节顶升平台
	夹紧方式	边夹、真空吸嘴
	工作台调整范围	X：±4 mm；Y：±6 mm；θ：±2°
	导轨传送速度	max 1500 mm/s 可编程
	导轨传送高度	(900±40)mm
	传送方向	左—右,右—左,左—左,右—右

（续表）

项　目		参　数
刮刀参数	刮刀压力	0～15 kg 马达控制
	印刷速度	6～200 mm/s
	刮刀角度	60°、55°(标准)、45°
	刮刀类型	钢刮刀、胶刮刀
整机参数	空气压力	4.5～6 kg/cm²
	电　源	AC 220V±10%　50/60 Hz 单相
	设备尺寸	1220(L)mm×1355(W)mm×1500(H) mm
	设备质量	约 1000 kg

5.1.2　锡膏印刷生产流程

1. 开机前检查

(1)检查有无工具等物遗留在机器内部；

(2)根据所要印刷的 PCB 板要求,准备好相应的网板和锡膏；

(3)检查磁性顶针和真空吸盘是否按所要生产的 PCB 尺寸大小摆放到工作台板上；

(4)检查清洗用卷纸有无装好,检查酒精箱的液位(液面应超出液位感应器)；

(5)检查机器的紧急制动开关是否弹起；

(6)检查三色灯工作是否正常,检查机器前后罩盖是否盖好。

2. 生产前准备

1)模板的准备

模板(也称网板、钢网,如图 5 - 2 所示)基板厚度及窗口尺寸大小直接关系到焊膏印刷质量,从而影响到产品质量。模板应具有耐磨、孔隙无毛刺无锯齿、孔壁平滑、焊膏渗透性好、网板拉伸小、回弹性好等特点。

图 5 - 2　SMT 钢网实物图

模板的印刷质量主要取决于以下因素:开孔尺寸;开孔的长(L)、宽(W)及厚度(H)决定了焊膏的体积;模板的释放焊膏性能取决于开孔的几何形状和孔壁的光滑程度;模板的开孔于 PCB 之间的定位精度。

2）锡膏的准备

在 SMT 中，焊膏的选择是影响产品质量的关键因素之一。不同的焊膏决定了允许印刷的最高速度，焊膏的黏度、润湿性和金属粉粒大小等性能参数都会影响最后的印刷品质。对焊膏的选择应根据清洗方式、元器件及电路板的可焊性、焊盘的镀层、元器件引脚间距、用户的需求等综合起来考虑。

锡膏选定后，应根据所选锡膏的使用说明书要求使用。锡膏从冰柜中取出不能直接使用，必须在室温 25 ℃左右回温（具体使用根据说明书而定）；锡膏温度应保持与室温相同才可开瓶使用，否则在后续工艺中会出现"炸锡"；在使用之前需要利用离心搅拌机对锡膏搅拌3～5 min（搅拌机需要装配重物），直至锡膏成浓浓的糊状并用刮刀挑起能够很自然的分段落下即可使用。使用时应将锡膏均匀地刮涂在刮刀前面的模板上，且超出模板开口位置，保证刮刀运动时能将锡膏通过网板开口印到 PCB 板的所有焊盘上。

3）刮刀的准备和参数选择

在 SMT 印刷工艺中，刮刀的质量对印刷的品质有着重要的影响，刮刀按材料形状有不同的分类。常见的刮刀按材料可分为橡胶刮刀和金属刮刀两种，现在大多使用不锈钢的金属刮刀；按形状可分为菱形刮刀和拖尾刮刀两种，生产中大多使用拖尾型刮刀。拖尾型刮刀由截面为矩形的橡胶或金属构成，夹板支持，需要两个刮刀，一个印刷行程方向一个刮刀，无须跳过焊膏条，因焊膏就在两个刮刀之间，每个行程的角度可以单独决定。金属拖尾型刮刀如图 5 - 3 所示。

图 5 - 3　金属拖尾型刮刀

刮刀相关的安装与设置步骤介绍如下。

（1）刮刀的安装：打开机器前盖；移动刮刀横梁到适合位置，将装有刮刀片的刮刀压板装到刮刀头上；打开设置主菜单；进入刮刀设置，输入密码，进行刮刀升降行程的设置；刮刀行程调整以刮刀降到最低位置刀片正好压在钢网板上为宜。

（2）刮刀速度设置：刮刀的速度与锡膏黏稠度及 PCB 板上 SMD 的最小引脚间距有关。使用的锡膏黏稠度大，则刮刀的速度要低，反之亦然。具体设置刮刀速度时，一般从较小压力开始试印，慢慢加大，直到印出好的焊膏为止，速度范围一般为 20～200 mm/s。在印刷细间距（元件引脚间距小于 0.5 mm）时应适当降低刮刀速度，一般为 20～80 mm/s，以增加锡膏在窗口处的停滞时间，从而增加 PCB 焊盘上的锡膏；印刷宽间距（元件引脚间距大于0.5 mm）元件时速度一般为 80～150 mm/s。本机器刮刀速度允许设置范围为 20～180 mm/s。

（3）刮刀压力设置：压力直接影响印刷效果，压力以保证印出的焊膏边缘清晰、表面平整，厚度适宜为准。压力太小，锡膏量不足，产生虚焊；压力太大，导致锡膏连接，会产生桥接。因此刮刀压力一般设定为 0.5～10 kg。

（4）脱模速度设置：指印刷后的基板脱离模板的速度，在焊膏与模板完全脱离之前，分离速度要慢，待完全脱离后，基板可以快速下降。慢速分离有利于焊膏形成清晰边缘，对细间距的印刷尤其重要。一般设定为 3 mm/s，太快易破坏锡膏形状。本机器允许设置范围为

$0\sim20$ mm/s。

（5）PCB 与模板的分离时间设置：印刷后的基板以脱板速度离开模板所需要的时间。时间过长，易在模板底面残留焊膏，时间过短，不利于焊膏的站立。一般控制在 1 s 左右。本机器用脱模长度来控制此变量，一般设定为 $0.5\sim2$ mm。本机器允许设置范围为 $0\sim10$ mm。

3. 试生产

在以上准备工作做完以后，即可进行 PCB 板的试印刷。操作方法如下。

（1）单击主工具栏中的开始按钮并按照操作界面上对话框的提示进行操作，完成一块 PCB 板的自动印刷（详见 5.1.3 小节印刷系统操作的操作说明）。

（2）如检测结果不符合质量要求，应重新进行参数设置或输入印刷误差补偿值（详见 5.1.3 小节印刷系统操作中模板制作的内容）；如检查结果满足质量要求，即可正式开始生产等。

（3）锡膏印刷质量要求：本机器设定锡膏厚度在 $0.1\sim0.3$ mm、焊膏覆盖焊盘的面积在 75％以上即满足质量要求。

4. 正式生产流程

全自动锡膏印刷机的生产操作流程如图 5－4 所示。

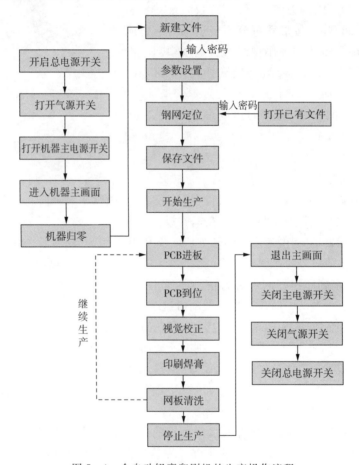

图 5－4　全自动锡膏印刷机的生产操作流程

5.1.3　操作控制系统

打开机器主电源开关,电脑将自动开机,打开 PastePrinter 软件后将进入主窗口画面,如图 5-5 所示。其中,主窗口的最上面一排图标为主菜单栏,主菜单栏包含所有的控制命令。下面介绍印刷机系统的操作流程。

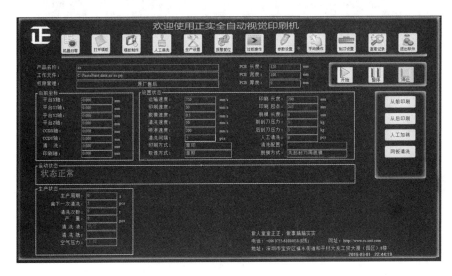

图 5-5　操作系统主窗口

1. 归零操作

软件启动时会自动弹出归零界面,或单击主菜单栏的"机器归零"打开归零界面,如图 5-6所示。单击 开始归零 ,机器对所有机械部件(如轨道、摄像头)位置进行归零操作。待归零完成后,单击 退出 按钮。

图 5-6　机器归零界面

2. 打开模板

点击菜单栏"打开模板",进入调用程序界面(图5-7),可以新建程序或者调用已有程序。例如可以选择图5-7中文件名为"as"的文件,单击打开按钮,在以后的操作中所有设置将保存在此文件中。

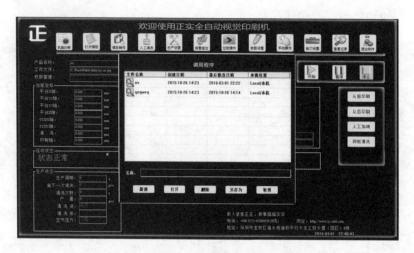

图5-7 调用程序界面

3. 模板制作

单击图5-7中的新建按钮新建模板,或单击菜单栏中的"模板制作",进入模板制作界面,如图5-8所示。在对话框中可进行"PCB设置""钢网设置""运输设定""控制方式"(系统默认为自动)"印刷设置""脱模设置""清洗设置""取像设置""预定生产数量"设置等参数的设定。需要注意:只要将PCB参数设置好后,图5-8中的"印刷起点""印刷长度""清洗起点""清洗长度"数值自动生成,用户也可以根据生产的实际情况进行修改;输入数值应大于PCB板的宽度。在"PCB设置"栏中输入PCB板的长、宽、厚参数后,则运输宽度无须设定,自动显示为"PCB板宽+1"。

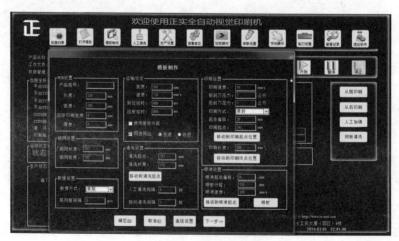

图5-8 模板制作界面

　　以上参数设置好以后,单击确定回到主窗口画面。单击高级设置将进入对话框,如图 5-9 所示,可以对脱模参数、清洗参数等进行详细设置。单击下一步,进入定位操作界面,如图 5-10 所示,在对话框中可进行"导轨宽度调节""挡板气缸移动""刮刀后退""Z 轴回到取像位置""CCD 回位""Z 轴上升""钢网定位"等参数调节。

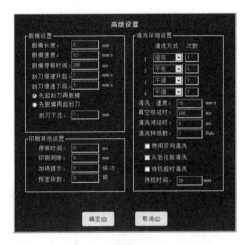

图 5-9　模板制作高级设置界面

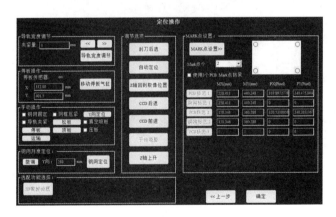

图 5-10　定位操作界面

PCB 板的定位操作步骤如下。

(1)单击刮刀后退,将刮刀移动到后限位处。

(2)单击导轨宽度调节,将运输导轨自动调到夹紧 PCB 适宜所要生产的宽度。

(3)单击移动停板气缸,将挡板气缸移动到 PCB 停板位置,此时将 PCB 放到运输导轨进板入口处,再单击停板,停板气缸工作即气缸轴向下运动到停板位置。

(4)打开运输开关,将 PCB 板送到停板气缸位置。

(5)再将运输关闭,单击顶板,工作台向上升起;同时把"导轨夹紧"打勾;单击 CCD 后退 ,将 CCD 相机回到原点位置;单击 Z 轴上升 将 PCB 板升到紧贴钢网板底面位置。

（6）用眼睛观察网板与 PCB 板对准情况，并用手移动调节网框、定位夹紧装置使之与 PCB 板对准。

（7）勾选"网框固定"和"网框锁紧"，固定和夹紧钢网。

（8）再次单击 Z轴上升 取消选中，使工作台回到原点位置；单击 Mark 点设置 ，选择 Mark 点数，以及在右侧白色图形上选择 Mark 点的大概位置，随后下方的编辑框中会显示对应的位置，单击 PCB 标志 1 进入模板制作界面，如图 5-11 所示。

（9）自动做模板步骤：调节光亮度—选择 Mark 点形状（如白圆形）—自动做模板。

手动做模板步骤：调节光亮度—显示—采图—范围—选点—制作。

（10）参照（8）～（9）步，完成 PCB 和网框 Mark 点模板的编辑。如果选择了 2D 功能，则单击"2D 模板设置"界面按钮。进入 2D 制作界面，操作步骤：添加—调节光源—显示—采图—范围—制作—确定。如果需要删除或者修改就选中已做模板进行修改或删除。

（11）完成编辑后，单击确定按钮同时松开板，模板制作完成。

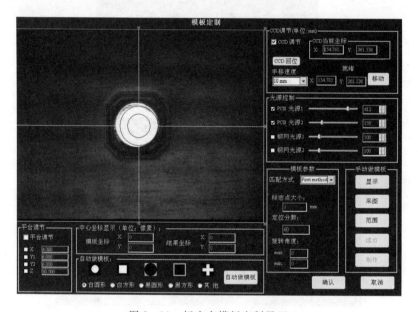

图 5-11　标志点模板定制界面

4. 锡膏印刷

1）开始生产

单击主窗口开始按钮，出现提问对话框"是否要添置锡膏?"单击 否 。当运输导轨上有 PCB 时，显示"运输出口有 PCB，请取出"；取出 PCB，单击 确定 ，机器开始生产，并在主窗口运动状态栏动态显示机器当前状态："等待进板——————"。

2）生产设置

单击菜单栏 生产设置 按钮进入生产设置界面，如图 5-12 所示。在 SMT 工艺要求下，一般需要选择的有视觉校正、图像显示、清洗、印刷、联机生产、使用蜂鸣器、检测清洗纸、检测清洗剂等功能。

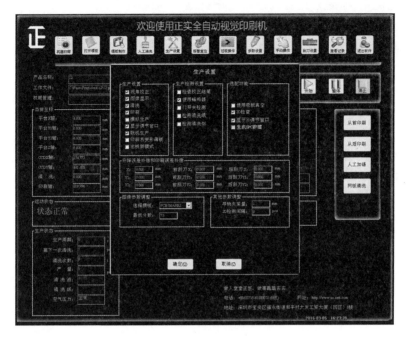

图 5-12 生产设置界面

3）过板操作

单击菜单栏"过板操作"按钮，进入过板操作界面（图 5-13），可以设定过板数量以及查询已经过板数量。

4）手动操作

单击菜单栏"手动操作"按钮，进入手动操作界面。手动操作分为归零、登录、复位、产量清零、手动控制、锡膏搅拌、关闭蜂鸣器、语言选择。

当机器出现故障或按下紧急制动器，屏幕显示报警对话框，同时蜂鸣器报警。此时进行以下操作：

图 5-13 过板操作界面

（1）单击"手动操作"里面的 关闭蜂鸣器 按钮，蜂鸣器停止鸣叫；

（2）排除故障后，单击 关闭报警窗口 或 清除报警 按钮，回到主窗口画面。

（3）此时，主工具栏"报警复位"之前的各项操作按钮被关闭，单击 复位 按钮，激活工具栏中的各项操作按钮，才能进行操作。

需要注意，如果故障原因没有排除而只是"关闭报警窗口"或"清除报警"，待"复位"后重新进行操作时，机器仍然会发生报警。

5）停止生产

通过快捷按钮控制开关，可控制生产的停止。单击主窗口工具栏中的 停止 按钮，机器即停止生产。

5. 人工清洗

锡膏印刷过程中，网板经过长时间的运行工作，会因为环境因素以及相关外界因素，从而堆积一定的污垢以及灰尘等，若没有及时清洗，会严重影响锡膏印刷质量。在生产过程中，清洗方式分为三种：

(1)程序模板设置清洗间隔进行清洗；

(2)在生产过程中单击主窗口右侧 网板清洗 ，进行自动清洗；

(3)暂停生产，单击菜单栏 人工清洗 按钮后进入人工清洗界面，人工进行清洗。

设备使用过程中，需要注意的事项如下。

(1)当锡膏印刷实验全部结束时，要将模板、刮刀全部清洗干净，开孔不能堵塞，不能用坚硬金属针捅，避免破坏开孔形状。

(2)锡膏放入容器中保存，根据情况决定是否重复利用。

(3)模板清洗后应用压缩空气吹干净，并妥善保存在工具箱中，刮刀也应放入规定的地方并保证刀头不受损，同时让机器退回关机状态，关闭电源，并填写实验记录本。

5.2 TPS600 自动贴片机的操作与使用

5.2.1 前期准备

(1)利用 Altium Designer 19 软件将 PCB 文件转化为贴片机软件需要的贴片文件，以 AD19 为例，运行软件，打开一个 PCB 源文件。

依次选择菜单栏"文件"☞"装配输出"☞"Generates pick and place Files"，弹出"拾放文件设置"对话框，如图 5-14 所示。

图 5-14　拾放文件设置

　　单击之后出现选取输出的文件格式和输出坐标的单位,根据不同的需求来选择;然后再单击确定,AD 就会将坐标文件输出,输出的文件储存在早先设定的项目输出文件的目录里。分别对输出设置中单位及格式子菜单按图 5-14 在拾放文件设置界面进行以下设置,点击确定即可生成 .csv 格式文件,名为"Pick Place for PCB1"。

　　该 Pick Place for PCB1.csv 文件即为 PCB 坐标文件,可用 EXCEL 程序打开,显示该 PCB 中所包含元器件、位置及角度。

　　(2)供料架安装。根据 PCB 板需要,安装供料架元器件,本例中,在供料架 19～23 号飞达,分别安装上贴片元器件盘。

　　(3)根据 PCB 板大小调节轨道宽度。

5.2.2　操作过程及界面显示

　　(1)打开贴片机电源,贴片机电源开关位于右下方的控制盒内。

　　(2)旋转贴片机电源开关至 ON,启动贴片机。

　　(3)双击打开贴片机软件的图标,贴片机的所有硬件连接如果正确的话,等待 6 秒钟,然后按下操作面板上的【准备】键,显示灯绿亮,贴片机将执行回到 Home 点的操作。Home 点在贴片机的右上角。

　　第一是 Z 轴回原点,第二是 A 轴回原点,第三是 Y 轴回原点,第四是 X 轴回原点,最后机器回到 Home 点,并用下视相机校准。屏幕显示如图 5-15 所示。

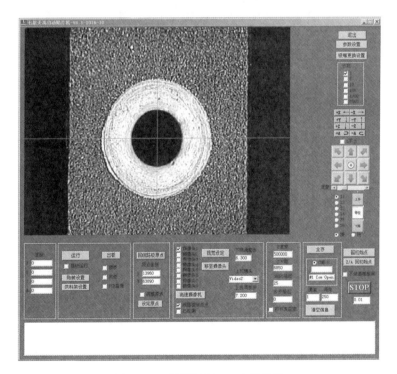

图 5-15　机器回 Home 点显示图

（4）单击贴片机主界面上的 回初始点 按钮，等待回初始点命令完成后，第二次单击 回初始点 按钮，等待回初始点。动作完成后，机器可以正常工作。

（5）在贴片机主界面，单击 回线路板原点 ，调节界面上的方向键，改变原点坐标，如图 5 - 16 所示，单击 设为原点 。

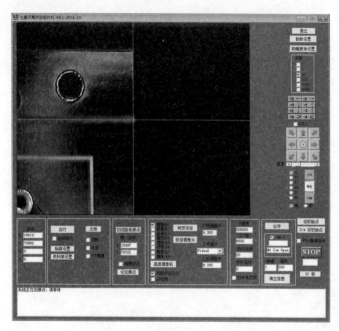

图 5 - 16　线路板原点图

5.2.3　供料架参数设置及界面显示

（1）供料架设置。"供料架设置"视窗显示所有供料器的参数，如图 5 - 17 所示，在程序

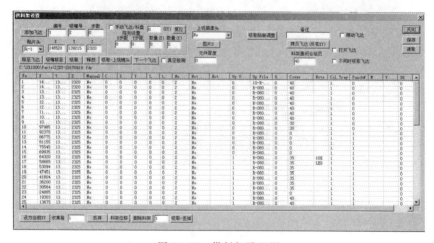

图 5 - 17　供料架设置图

默认的软件中包含了 60 个供料器(飞达)。在编程过程中可以做相应的调整,可存储到自己的文件名下。在编制供料器列表中,必须要给定 X、Y、Z 位置的值。

X、Y、Z 的值是步数,不是实际测量值,这些值可以直接在 X、Y、Z 的输入栏中更改。在这个输入栏中只允许输入小于 X、Y、Z 最大限定的值,不得输入负数。另外,用摄像头找到供料器的位置,单击 设为当前 XY ,也可以改变。

(2)根据需要,确定飞达数量,本例需要 5 个飞达,选择 19~23 号飞达,逐一添加飞达。

(3)以飞达 19 为例,选择飞达 19,确定吸嘴号(小贴片元器件,需要 2 号吸嘴),填写 Note 备注,注意:备注内容需要与 Pick Place for PCB1 表中对应的 comment 完全一致,区分大小写。单击 移至飞达 ,勾选"打开飞达",调上视摄像头中心,使绿色十字交叉线中心位于贴片元器件的黑框中心,如图 5-18 所示,取消勾选"打开飞达"关闭飞达。在供料架设置窗口,单击 设为当前 XY ,则飞达 19 号的精确位置设置完毕。

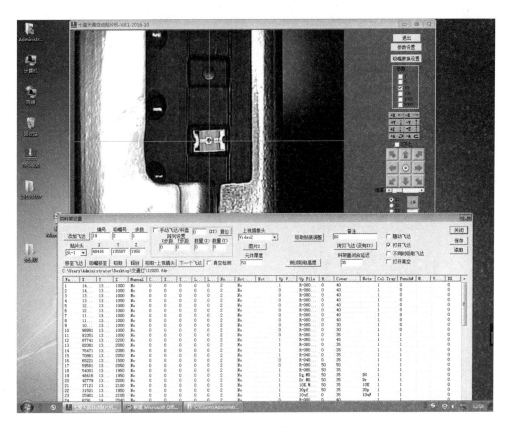

图 5-18　供料架位置设置

(4)元器件模板制作。回供料架设置,单击 吸取-上视镜头 ,此时吸嘴已经将贴片元器件吸取,且在主界面显示元器件照片,如图 5-19 所示,调节主界面方向键,使绿色十字交叉线中心位于贴片元器件的中心,如图 5-20 所示。

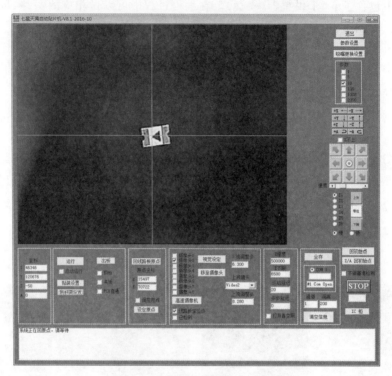

图 5-19 元器件吸取图片调整前

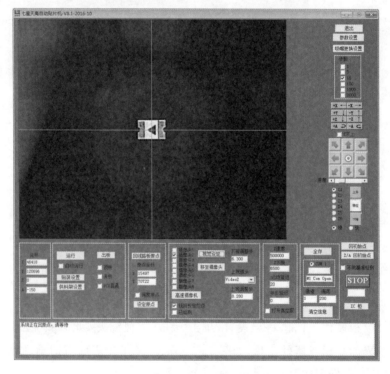

图 5-20 元器件吸取图片调整后

　　在主界面单击视觉设定,提取图片,改变模板宽度及高度,使元器件处于模板框内,同时改变阈值,提高对比度,从而得到清晰模板,如图 5-21 所示,单击 保存模板 ,命名为"Dg",保存于 parts 文件夹中。

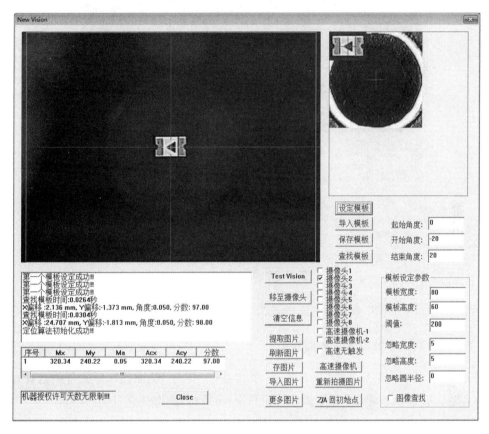

图 5-21　元件模板提取图

　　关闭 New Vision 窗口,在供料架设置窗口,单击 丢弃 ,将刚刚吸取的元器件丢弃。关闭上视图像文件窗口,则此时 19 号飞达上的元器件模板设定完毕。

　　验证已设定模板。单击 吸取-上视镜头 ,回主界面,单击 视觉设定 ,弹出"New Vision"界面,单击 Test Vision ,打开刚刚设置的模板,得到检测分数,大于 60 均可。回供料架设置,单击 丢弃 。其余飞达位置及贴片元器件模板制作同上。

　　(5)芯片元器件设置如下,在主界面,移动方向键,调节机头位置,直到手动放置芯片的供料架位置,使绿色交叉线位于芯片中心,在供料架设置界面,选择 60 之外的飞达号,如 61 号,选择 4 号吸嘴,改备注,设为当前 XY,单击 吸取-上视镜头 ,回主界面,调方向键,使绿色交叉线位于芯片中心,单击 视觉设定 ☞ 提取图片 ,修改模板宽度,高度及阈值,如图 5-22 所示。设定模板保存模板于 parts 中,此时芯片供料架位置及芯片模板均设置完毕。

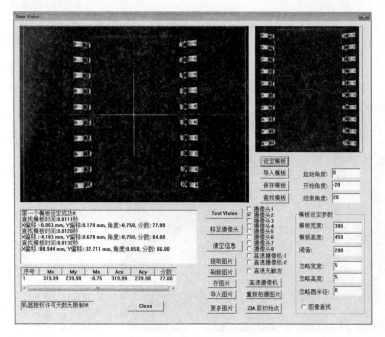

图 5-22　芯片模板设置

（6）供料架设置，单击 保存 ，生成飞达文件，与 Pick Place for PCB1 表一起放置。

5.2.4　供料架参数设置及界面显示

（1）在主界面单击贴装设置，保存文件，命名为任一名字（从而确保原文件信息保存），单击清除，单击文件转换，弹出 CAD 文件转换界面，单击打开，选择文件 Pick Place for PCB1，XY 比例 250，Z 值 1950，单击 飞达匹配 ，另存为贴片文件，此时 PCB 中所有贴片元器件均与飞达匹配完毕，如图 5-23 所示，关闭 CAD 文件转换界面。

图 5-23　CAD 文件转换界面

（2）主界面，移动方向键，调节摄像头位置，寻找定位点 1，设为点 1XY 坐标，如图 5-24 所示，在主界面，单击 视觉设定 ，制定模板，如图 5-25 所示，保存模板于 C:\SX1000\parts 中。贴装设置界面，单击上传定位点 1 图片。定位点 1 位置及模板均制作完毕。

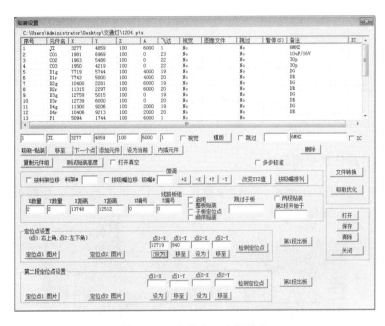

图 5-24　定位点 1 坐标设定

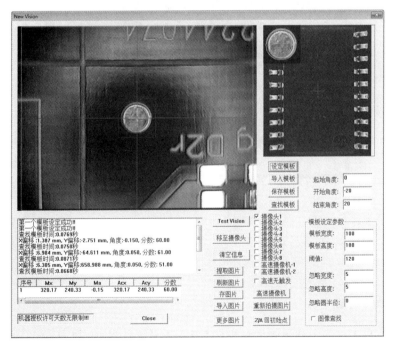

图 5-25　定位点模板设置

（3）定位点 2 操作过程同定位点 1。

（4）单击检测定位点，摄像头即可准确找到定位点 1 和定位点 2。

（5）在贴装设置界面，找出列表中插件，进行删除操作。根据 PCB 板及飞达供料架元器件位置，调节元器件方向，注意灯的正负极。

（6）方向调节原则，空间顺时针 90°对应于列表中 A 值 2000。空间顺时针 180°对应于列表中 A 值 4000，以此类推。

（7）贴装设置界面，在列表中，依次从序号 1 开始，单击移至，微调方向键，确保十字交叉线在 PCB 板元器件的焊盘中心，在贴装设置单击设为当前，本例中，同上操作至序号 22。

（8）选出芯片，勾选 IC，单击吸取优化，生成优化贴装文件，保存为优化贴片文件，与 Pick Place for PCB1 表一起放置。

5.2.5　贴片操作及界面显示

在主界面单击回线路板原点，勾选"线路板定位点"，单击运行，贴片机根据上述所设参数自动运行，如图 5 - 26 所示。

图 5 - 26　运行设置界面

5.3　HW - 6W12B 六温区回流焊机的操作与使用

5.3.1　软件启动

（1）启动。单击桌面上回流焊图标启动软件，进入软件界面，如图 5 - 27 所示。此时的操作界面是锁定的，如图中椭圆形标出的 加锁 按钮状态。

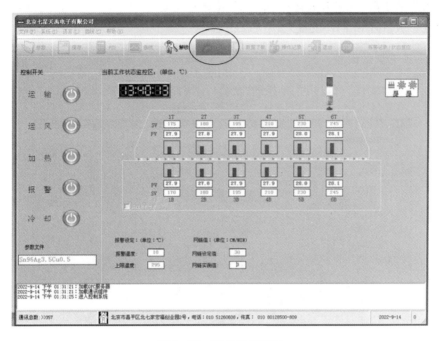

图 5-27　软件操作界面

（2）解锁。单击 解锁 ，弹出图 5-28 所示系统登录界面。输入系统用户名和密码。（普通用户选择 Manger 组，操作员：User，密码：1234）用户进入系统，可以进行操作系统设置，如果单击取消，则该用户没有设置系统相应功能的权限。

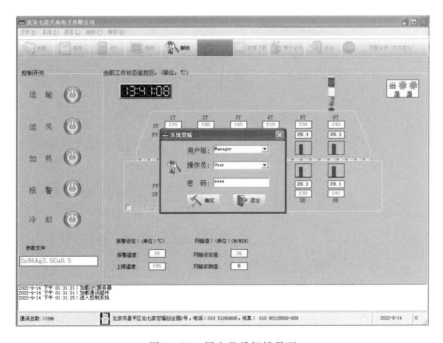

图 5-28　用户登录解锁界面

普通用户的权限:开机升温运行,基本使用操作,温区温度设置,网带速度设置等。不能够进行温度参数管理和PID设置。

5.3.2 工艺参数设置

打开工艺参数文件,可以用菜单栏的"文件"→"打开",如图5-29所示。

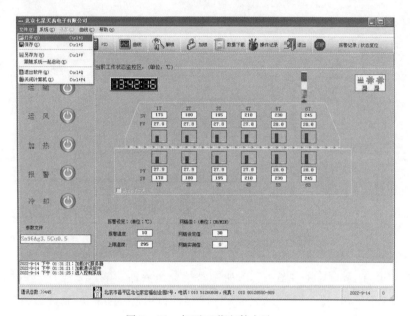

图5-29 打开工艺文件方法一

也可以直接单击 参数选项 ,如图5-30所示。

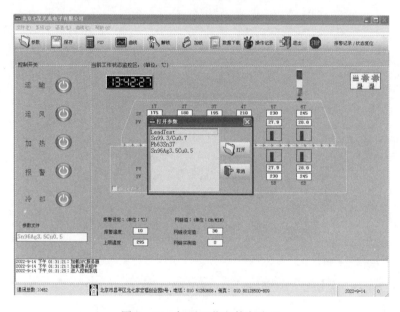

图5-30 打开工艺文件方法二

选择所需要的工艺参数文件,直接单击 打开 即可。不同的锡膏对应不同的工艺参数文件,温度的设置也不同,需一致。

打开工艺文件之后,在软件运行的左下方有一个标识框,如图 5-31 所示,显示当前所使用的工艺参数文件名称。

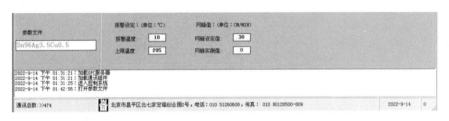

图 5-31 工艺参数文件显示位置

5.3.3 曲线采集

开始:曲线采集开始;

结束:曲线采集结束;

打开:用来打开已经采集到的曲线;

保存:保存采集或打开的曲线;

打印:打印当前显示的曲线。

在图 5-32 中,设置有三种,如图 5-33 所示,分别是测试曲线显示的横纵坐标范围、颜色和网格,读者可根据实际情况进行参数调整。

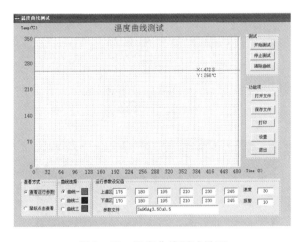

图 5-32 温度曲线测试界面

图 5-33 温度曲线测试中设置项

5.3.4 PID 控制

PID 不能随便设置,PID 的设置可以使各温区的温度更稳定,如图 5-34 所示。输入相应的 PID 值(可以根据现场的实际情况来输入不同的数值),单击保存参数即可。

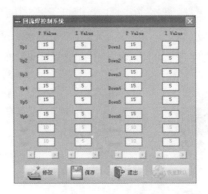

图 5-34 PID 设置界面

5.3.5 退出系统和关机

关机的时候,关闭所有的应用程序,再延迟关机,让机器冷却,如图 5-35 所示设置。

图 5-35 延迟关机

5.4 HW-GXZ480 自动光学检测机的操作与使用

5.4.1 软件启动

鼠标左键双击桌面上 HW-GXZ480 启动软件,进入软件登录界面,如图 5-36 所示。输入账号密码之后,机器进入复位环节,如图 5-37 所示。

图 5-36 软件登录界面

图 5-37 机器复位界面

124

5.4.2　新建程序

定义 PCB 计算起点（即坐标原点），坐标原点是零件坐标的基准点，一般 PCB 左下角设为坐标原点，机器是以坐标原点的位置来寻找元件位置的，坐标原点的坐标是相对于机器原点的。计算起点的设定：使用 ➤ 形状的快速移动和工具栏中的 ✋ 图标，将十字架移动到 PCB 板的左下角，使十字架中心对准 PCB 的左下角，单击菜单中的"PCB 板"选"正面设置"，在弹出框中单击 当前位置 按钮，则电脑会自动计算出当前十字架位置的相对坐标值，如图 5-38 所示。

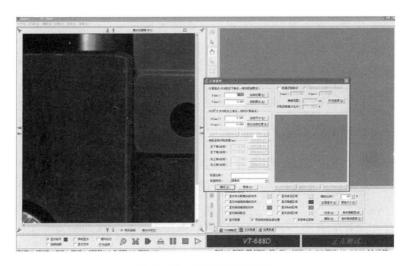

图 5-38　计算起点的设置

同理，将十字架移动到 PCB 的右上角，使十字架中心对准 PCB 的右上角，点击"PCB 尺寸"栏的"当前尺寸"，计算机会根据事先设定好的计算起点和 PCB 右上角之间的坐标差计算出 PCB 的尺寸，即我们所需要检测的范围，如图 5-39 所示。

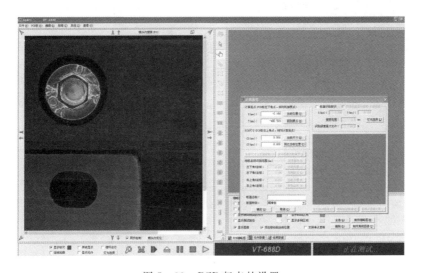

图 5-39　PCB 起点的设置

5.4.3 创建 PCB 缩略图

缩略图是当前测试的 PCB 的缩小图像,便于全局观察、显示错误位置及进行其他相关操作。同时,如果想镜头移动到某一位置,只需要双击缩略图上的相应位置即可。制作方法:在完成新建程序菜单栏的操作后,单击确定,系统会自动提示"现在创建 PCB 缩略图吗",单击"确定",系统则会根据图 5-39 设定的 PCB 计算起点及尺寸来扫描 PCB 的缩略图。或者直接单击主窗口的 制作 PCB 缩略图 ,如图 5-40 所示。

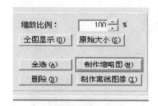

图 5-40 制作缩略图界面

为了能让缩略图能完整地显示 PCB,可以选择适当的缩小比例,一般以缩略图窗口能显示整个 PCB 的图像为宜,单击 全图 可以根据窗口屏幕大小自动伸缩 PCB 缩略图,使缩略图达到最佳的显示效果。

5.4.4 定义对角 MARK 点

一般在 PCB 的对角位置选择两个容易识别的点作为 MARK 点,可以是 PCB 上本身存在的 MARK 点,也可以选择板上的位置固定的孔位作为 MARK 点(提示:MARK 可以选用任意的两个对角,对角 MARK1 和 MARK2 也可以不一样)。在完成缩略图的制作后,系统会自动提示"现在设置 MARK 点?",选择确定后摄像头会自动移动到检测区域的左下角(一般 MARK 都是在左下-右上这个区域),可以单击操作窗口上的方向键移动摄像头到 PCB 板上的 MARK 点所在位置,或直接单击缩略图上的相应位置,如图 5-41 所示,此时主窗口界面上将出现一 MARK 点定位框和 MARK 点信息设置框。

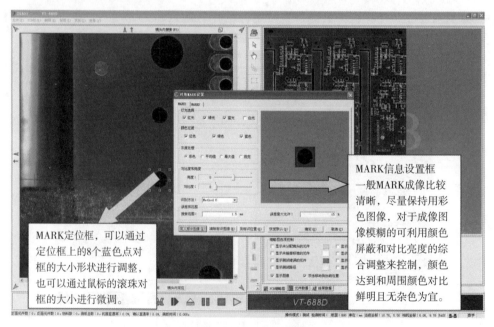

图 5-41 MARK 点的设置

5.4.5　制作回流焊后程序检测框

程序的检测框是 AOI 系统识别检测区域的唯一标准,系统只有检测带有检测框的区域,没检测框的区域将不会检测。手工画框最好按照顺序,从某一区域开始逐个地画下去,以免遗漏。首先确定需要画框的位置,根据需要画框的元件类型在工具栏中选择相应的形状。

检测框的制作方法:以元件本体为基准画检测框,然后对附属框的大小和形状分别进行微调(注意:附属框的摆列要对称)。410 程序制作主要有六种方法。

(1)权值图像,主要用于字符,IC 焊脚,0402 以下所有元件。

(2)二值化检测,主要用于 IC 短路。

(3)相似性,主要用于元件本体。

(4)颜色提取,主要用于焊点(IC 脚除外)。

(5)通路检测,主要用于 FOV 区域内短路检测。

(6)OCR/OCV,主要用于字符。

5.4.6　标准注册举例

以电阻为例。

(1)画框,如图 5-42 所示,具体包含元件附属框、元件本体框和元件字符框。

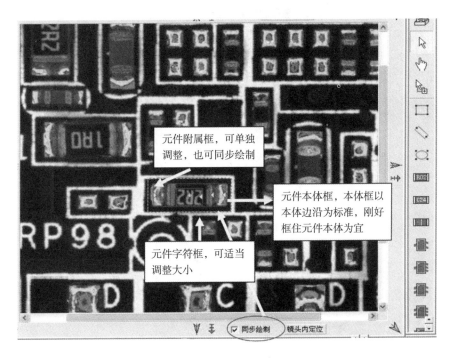

图 5-42　电阻画框

(2)使用快捷键 ALT+R 或在所画的元件框内单击右键选择"合并注册",弹出如下对话框,如图 5-43 所示。

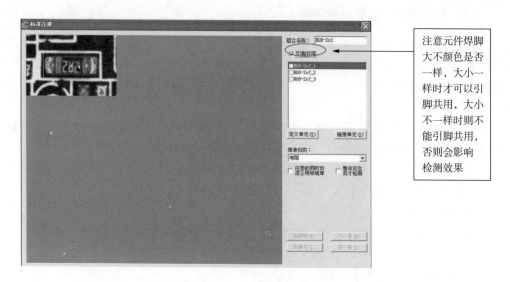

图 5-43　合并注册相同引脚

如图 5-43 所示,焊点相同即可勾上引脚共用,选择 1 检测区域,再单击"定义单元"弹出如下对话框,如图 5-44 所示。

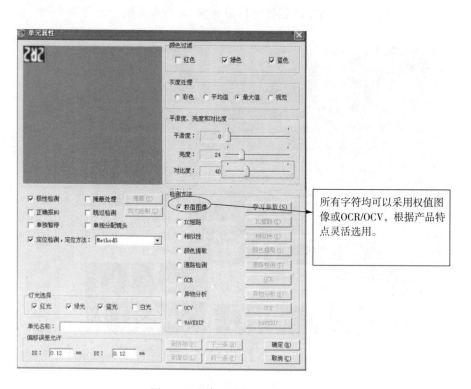

图 5-44　单元属性权值图像设置

选择 2 检测区域,再单击"定义单元"弹出如图 5-45 所示对话框。

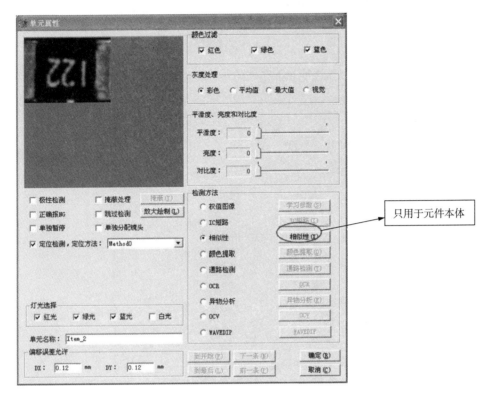

图 5 - 45　定义单元相似性设置

图 5 - 45 检测方法区域采用"相似性",再单击 相似性 ,将会弹出如下窗口,如图 5 - 46 所示,二值化处理与允许范围可以适当调整,一般二值化处理保持默认状态,允许范围相似误差在 23 以内,如图 5 - 46 所示。

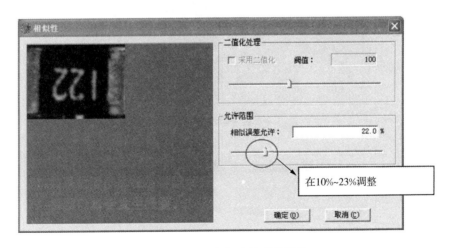

图 5 - 46　相似性允许误差设置

选择 3 检测区域,再单击 定义单元 ,弹出如图 5 - 47 所示对话框。

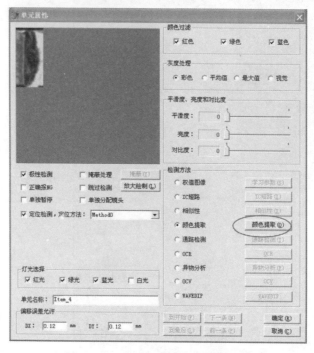

图 5 - 47 定义单元中颜色提取选项

在图 5 - 47 中勾选"定位检测",在检测方法区域采用"颜色提取"→单击 颜色提取(O) ,将会弹出如图 5 - 48 所示窗口。

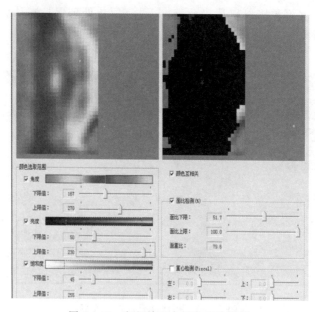

图 5 - 48 定义单元中颜色提取设置

5.4.7　执行检测

检测结果如图 5 - 49 所示,在图中可以看到检测完成,结果显示在界面内。

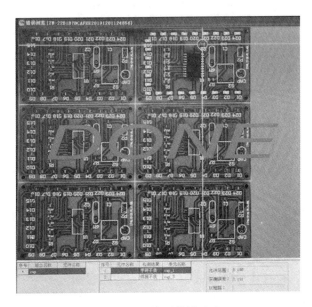

图 5 - 49　检测结果显示

5.5　HW - OPM10 型接驳台的操作与使用

HW - OPM10 型接驳传送机的实物图如图 5 - 50 所示,它具有操作方便、精确快速的功能,可取代人工将机板搬运到下一台工作机指定位置,大大提高了工作效率及工作质量。该接驳传送机适用于 SMT 贴片机连机工作用,可跟不同品牌的机器通信连接。本机带有工作台板,也可作在线检测插件或 IC 放置。

图 5 - 50　HW - OPM10 型接驳传送机实物图

1. 操作面板说明

接驳传送机的操作面板如图 5 - 51 所示,主要包含 3 个开关和旋钮。

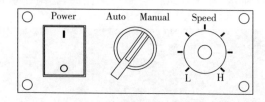

图 5 - 51　接驳台操作面板

Power 开关:此开关控制机器的总电源。

Auto/Manual 旋钮:Auto 为直接过板状态,当旋钮开关置 Manual 时,PCB 会在中间感应器停止,此时可人工拣板检测,检测完毕将板放回中间感应器位置,然后踩脚踏开关,PCB 继续流向下个工作站。

Speed 旋钮:该旋钮可用于调节传送速度,当旋至 L 时表示速度最慢,旋至 H 时速度最快。

2. 基本故障排除

(1)传送皮带不动:检查皮带是否被物品卡紧或皮带过松。

(2)掉皮带:检测皮带轮转动是否灵活,及螺丝是否紧固。

(3)传动马达不转:检查电源是否正常,指示灯是否亮。检查 SPEED 旋钮是否调得太小速度太慢无法起动。

3. 注意事项

(1)使用前将机器调为水平状态。

(2)开机前检查电源是否与本传送机规格相符(单相 AC 220 V/60 Hz)。

(3)如电源供应不稳定,必须装设电源稳压器。

(4)机器必须安全接地,地线必须良好固定在机身部分。

(5)为保证机器的正常运行,切勿自行更改控制电路。

(6)机器长期不使用,应切断电源。

(7)切勿把机械安装于多灰尘、油污、有导电性成粉、腐蚀性气体、易燃烧性气体、潮湿、冲击震动、高温及室外环境使用。

第 6 章　创新应用实践训练

6.1　万用表的安装与调试

万用表也称多用表,可分为指针式万用表和数字万用表,是一种多功能、多量程的测量仪表。万用表一般可测量交直流电流、交直流电压、电阻、电容和三极管的放大倍数等。

DT830B 万用表是一种常用的万用表,它具有精度高、输入电阻大、读数直观、功能齐全、体积小巧等优点,采用单板结构安装简单,它的技术成熟,性能稳定,广泛应用于电子测量领域。如图 6-1 所示为 DT830B 万用表的实物图。

图 6-1　DT830B 万用表的实物图

6.1.1　实验目的

(1)通过数字万用表的安装与调试,了解数字万用表的特点;

(2)熟悉装配数字万用表的基本工艺过程,掌握基本的装配技艺;

(3)掌握电子元器件的辨别和检测方法,较全面地锻炼基本操作技能,学习整机的装配工艺。

6.1.2　实验器材

DT830B 数字万用表散件一套、万用表装配说明书、使用说明书、电烙铁一个、焊锡、松香、实验用标准数字万用表一台、螺丝刀、镊子、剪刀等。

6.1.3 万用板的安装

DT830B数字万用表套件由机壳塑件(包括上下盖、旋钮)、印制板部件(包括插口)、液晶屏及表笔等组成,整机安装流程如图6-2所示。对于电子元件部分的安装,只要按电路板上所标符号进行插装即可,相对来说比较容易掌握,制作时较难掌握的是机械部分的安装。

图6-2 整机安装流程

具体的安装流程包括以下内容。

1. 印制电路板的焊接与安装

将"DT830B元件清单"上所有元件顺序插焊到印制电路板相应的位置上。

(1)安装电阻、电容、二极管等。安装电阻、电容、二极管时,如果安装孔距超过8 mm,可进行卧式安装;如果安装孔距不足5 mm,应进行立式安装。

(2)一般额定功率在1/4 W以下的电阻可贴板安装,立式电阻和电容元件与PCB板的距离一般不超过3 mm。

(3)安装电位器、三极管插座。三极管插座装在A面,而且应使定位凸点与外壳对准、在B面焊接。

(4)安装保险座、插座、R0、弹簧。焊接点时,注意焊接时间要足够但不能太长。

图6-3 PCB安装效果图

PCB安装效果图如图6-3所示。特别要注意的是,印制板是双面板,板的A面是焊接面,中间圆形印制铜导线是万用表的功能、量程转换开关电路,如果被划伤或有污迹,对整机的性能会影响很大,必须小心加以保护。

2. 安装液晶屏

液晶屏组件由液晶片、支架、导电胶条组成。

(1)将液晶片放入支架,支架爪向上,液晶片镜面向下,如图6-4所示。

(2)安放导电胶条。导电胶条的中间是导电体,安放时必须小心保护,用镊子轻轻夹持放入支架两横槽中,注意保持导电胶条的清洁。

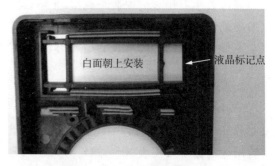

白面朝上安装 液晶标记点

图6-4 液晶屏安装准备图

(3)将液晶屏组件安装到 PCB 上。

(4)将液晶屏组件放置在平整的台面上,注意保护液晶面,准备好 PCB 板。

(5)PCB 板 A 面向上,将 4 个安装孔和一个槽对准液晶屏组件的相应安装爪。

(6)均匀施力将液晶屏组件插入 PCB 板。

(7)安装好液晶屏组件的 PCB 板。

注意:液晶片镜面为正面(显示字符),背面为白色面,透明条上可见状引线为引出线,通过导电胶条与 PCB 上镀金印制导线实现电气连接。由于这种连接靠表面接触导电,因此导电面被污染或接触不良都会引起电路故障。因此,安装时务必保持清洁并仔细对准引线位置。

3. 安装旋钮开关

将 V 形簧片装到旋钮上,共 6 个,如图 6-5(a)所示。

装完簧片把旋钮翻面,将两个小弹簧蘸少许凡士林放入旋钮两个孔,再把两小钢珠放在表壳合适的位置上。

将装好弹簧的旋钮按正确方向放入表壳,如图 6-5(b)所示。

(a)簧片安装效果图　　　　　(b)弹簧安装孔

图 6-5　安装旋钮开关

4. 固定印制电路板

将印制板对准位置装入表壳(注意:安装螺钉之后再装保险管),并用三个螺钉紧固。装上保险管和电池,转动旋钮,液晶屏应正确显示。

5. 整机组装

(1)安装转换开关/前盖。

(2)将弹簧/滚珠依次装入转换开关两侧的孔里。

(3)将转换开关用左手托起。

(4)右手拿前盖板对准孔位。

(5)将转换开关贴放到前盖相应位置。

(6)左手按住转换开关,双手翻转使面板向下,将装好的印制板组件对准前盖位置,装入机壳,注意对准螺孔和转换开关轴定位孔。

(7)安装两个螺钉,固定转换开关,务必拧紧。

(8)安装保险管(0.2 A 规格)。

(9)安装电池。

(10)贴屏蔽膜。将屏蔽膜上的保护纸揭去,露出不干胶面,贴到后盖内。

6.1.4 万用板调试及故障检测

1. 调试

数字万用表的功能和性能指标由集成电路的指标和合理选择外围元器件得到保证,只要安装无误,仅作简单调整即可达到设计指标。

调整方法 1:在装后盖前将转换开关置于 200 mV 电压挡(注意此时固定转换开关的 4 个螺钉还有 2 个未装,转动开关时应按住保险管座附近的印制板,防止开关转动时滚珠滑出),插入表笔,测量集成电路 35 与 36 引脚之间的电压(具体操作时可将表笔接到电阻 R16 和 R26 引线上测量),调节表内的电位器 VR1,使表显示 100 mV 即可。

调整方法 2:在装后盖前将转换开关置于 2 V 电压挡(注意防止开关转动时滚珠滑出),此时用待调整表和另一个数字表(已校准,或 4 位半以上数字表)测量同一电压值(例如测量一节电池的电压),调节表内电位器 VR1 使两表显示一致即可。

盖上后盖,安装后盖上的两个螺钉。至此安装完毕。

2. 故障检测

仔细检查一下拨盘旋钮转动是否灵活,挡位是否清晰,元器件是否有漏焊、错焊、虚焊等现象,检查液晶屏是否显示正常。经初步检查无误后,装入保险管,装上后盖,进行下一步调试。

首先进行正常显示测试。不要连接表笔,转动拨盘,查看各档的显示读数是否与表 6-1 功能测试检查表一致。表中 B 表示空白。

表 6-1 功能测试检查表

功能量程		显示数字	功能量程		显示数字
	200 mV	00.0	hFE	三极管	000
	2000 mV	000	Diode	二极管	1BBB
DCV	20 V	0.00		200 Ω	1BB. B
	200 V	00.0		2000 Ω	1BBB
	1000 V	000	OHM	20 kΩ	1B. BB
	200 μA	00.0		200 kΩ	1BB. B
	2000 μA	000		2000 kΩ	1BBB
DCA	20 mA	0.00			
	200 mA	00.0			
	10 A	0.00			

如果仪表各挡位显示与表 6-1 不符,请确认以下事项:

(1)检查电池电量是否充足,连接是否可靠;

(2)检查各电阻、电容的值是否符合原理图要求;

(3)检查电路板的铜线是否有割断现象；

(4)检查电路板焊接是否有短路、虚焊、漏焊；

(5)检查滑动片是否与电路板接触良好；

(6)检查液晶屏、导电条、电路板三者是否接触良好。

如果显示一致，可以进行校准调试。只需一台标准表和一块 9 V 电池即可，将组装完成的 DT830B 数字万用表和标准表均置于 DCV 20 V 挡位，先用标准表测量电池的电压并记录测量值。再用 DT830B 测量该电池，调节可调电阻，使其读数与标准表的测量值相同即可，其他量程的精度由元件保证。

6.2　交通灯的设计与制作

目前，随着城市的发展，城市道路上的汽车、非机动车等各种车辆与日俱增，道路交通日益繁忙。堵车现象越发常见，特别是在交叉路口，机动车、非机动车、行人来往非常混乱。为了实现合理的交通管控，利用单片机物美价廉、功能强、使用方便灵活、可靠性高等特点，可采用 AT89S2051 单片机自动控制交通信号灯，为交通指挥自动化提供了一种可行手段。

6.2.1　实验目的

(1)利用 Altium Designer 软件绘制基于单片机的交通灯的原理图和 PCB 版图；

(2)利用视频雕刻一体机刻出交通灯 PCB 板；

(3)学习电路焊接与调试。

6.2.2　实验原理

单片机是把包括 CPU、存储器、并行 IO 口、串行口、中断和定时器集成在同一块硅片上的微型芯片，它可以实现程序指令的取指、译码和执行，并将结果保存或输出。单片机广泛应用于工业控制、智能仪表、家用电器等领域。

AT89S2051 是一款拥有 8 位 CPU、2 KB ROM、256 B RAM、15 个双向 IO 引脚、2 个 16 位定时计数器、20 个引脚的微处理器。AT89S2051 芯片实物图与引脚分布图如图 6 - 1 所示。

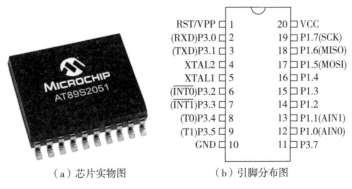

（a）芯片实物图　　　　（b）引脚分布图

图 6 - 6　AT89S2051 芯片实物图与引脚分布图

为实现特定功能的单片机系统,需首先搭建单片机最小系统,即包括晶振电路、复位电路和电源等。晶振电路是在 XTAL1、XTAL2 引脚之间外接一个石英晶振,晶振频率决定了单片机系统的最高工作频率。同时,可在时钟引脚之间分别连接一个 30 pF 的电容,使时钟信号更稳定。复位电路包括上电复位电路和手动复位电路,该电路连到芯片 RST 引脚,当该引脚升至高电平并维持两个机器周期以上时,单片机开始执行复位操作。单片机电源分别接+5 V 和 0 V。

为控制交通灯的状态,这里我们采用红光 LED 和绿光 LED 分别模拟红绿交通灯。由于单片机输出引脚驱动电流较弱,当 LED 阳极引脚连接至单片机输出引脚上时,无法正常发光。故采用电流倒灌的方法,使 LED 阳极接电源,阴极接单片机输出引脚。当引脚输出低电平时,LED 发光;引脚为高电平时,LED 熄灭。

最后讨论单片机程序下载。在这里可以选用 JTAG 接口。JTAG 首先是一种国际标准测试协议(IEEE 1149.1 兼容),主要用于芯片内部测试。JTAG 还常用于实现 ISP(in-system programmable,在线编程),对 FLASH 等器件进行编程。在线编程的流程为先固定器件到电路板上,再用 JTAG 编程,而不必取下芯片,从而大大加快工程进度。20 引脚的 JTAG 接口及引脚如图 6-7 所示。

VREF	p	1	2	nc	–
TRST_N	i	3	4	p	GND
TDI	i	5	6	p	GND
TMS	i	7	8	p	GND
TCK	i	9	10	p	GND
–	nc	11	12	p	GND
TDO	o	13	14	p	GND
SRST_N	od	15	16	p	GND
–	nc	17	18	p	GND
–	nc	19	20	p	GND

(a) 20引脚的JTAG接口　　　　　　　　(b) 引脚

图 6-7　20 引脚的 JTAG 接口

其中,各引脚的定义:

VREF:接口信号电平的参考电压;

TRST_N:可选,用于系统复位;

TDI:数据串行输入口;

TMS:模式选择输入信号;

TCK:基本的时钟信号;

TDO:数据输出接口;

SRST_N:可选,对目标系统复位。

查手册可知 AT89S2051 单片机与下载器连接电路如图 6-8 所示。

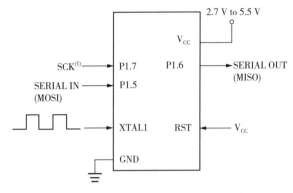

图 6-8 AT89S2051 单片机与下载器连接电路

综合上述单片机的最小系统、交通灯系统与 ISP 连接电路，可以绘制出如图 6-9 所示的原理图。其中 P1 为 20 引脚 JTAG 插座，P2 为 5 V 直流电压插座。

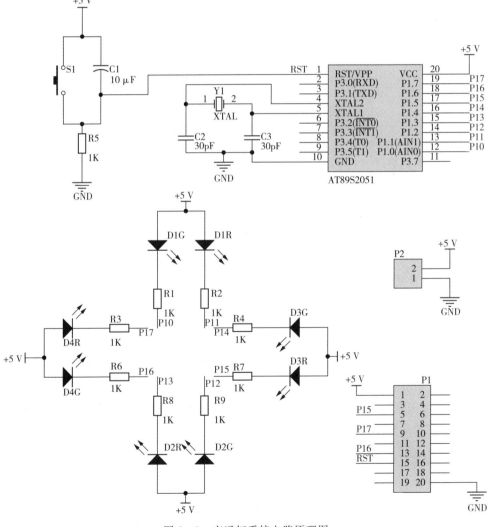

图 6-9 交通灯系统电路原理图

6.2.3 元器件清单

基于单片机的交通灯控制系统所需元器件名称、型号及数量见表6-2所列。

表6-2 基于单片机的交通灯控制系统所需元器件名称、型号及数量

名　称	型　号	数量/pcs
单片机芯片	AT89S2051	1
红光LED	0805	4
绿光LED	0805	4
1 kW电阻	0603	9
30 pF电容	0805	2
10 mF钽电容	1206	1
6 MHz晶振	HC49S	1
JTAG插座	2.54 mm,20引脚	1
排针	2.54 mm	1
短路帽	SIP-2	1
轻触开关		1

6.2.4 实验内容

(1)在Altium Designer软件中绘制实验原理图;

(2)在原理图基础上绘制PCB版图;

(3)利用Altium Designer软件转换生产的Gerber图层和钻孔文件,导入视频雕刻一体机中进行钻孔,雕刻及割边;

(4)检查PCB是否加工完好,并利用元器件焊接PCB。

6.3　数显频率计的设计与制作

电子测量几乎渗透了社会的各个领域,使得现代电子产品的性能进一步提高。在电子测量中,频率是最基本的物理量之一,与许多其他物理量的测量都有非常密切的关系。因此,频率的测量显得至关重要。频率计就是能测量周期信号频率的数字仪器。随着电子技术的飞速发展,频率计已经成为计算机、通信设备、音频视频等科研生产不可或缺的测量仪器。

6.3.1 实验目的

(1)了解数显频率计原理;

(2)学习利用Altium Designer绘制数显频率计的原理图与版图;

(3)利用视频雕刻一体机在覆铜板上实现数显频率计的版图。

6.3.2　实验原理

（1）本系统要求能测量周期信号（包括正弦波、方波和三角波）的频率，周期信号幅值为 0.1～5.0 V，频率范围为 100 Hz～10 MHz，并在液晶显示屏上显示测量的频率。鉴于上述要求，设计的整个系统包括单片机最小系统、放大整形模块和 LCD 显示模块。具体的过程：待测的周期信号通过放大整形模块，被转换为标准的方波输入单片机中，单片机通过检测单位时间内的方波数量，完成频率测量，并将测出的频率送入 LCD 模块中进行显示。

（2）数显频率计电路原理图如图 6-10 所示，本设计控制部分的核心器件采用 AT89S51

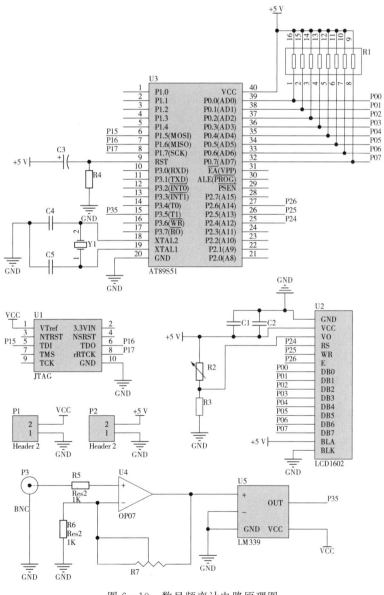

图 6-10　数显频率计电路原理图

单片机。AT89S51 芯片是 Atmel 公司推出的一款低功耗、高性能的 8 位 CPU,它具有 4 kB 程序存储器,128 字节随机存储器,4 个 8 位并行 IO 口,2 个 16 位的定时计数器和 6 个中断源,并可以在系统编程。AT89S51 工作时,必须搭建单片机最小系统,包括电源、复位电路和晶振电路。电源采用 5 V 直流电源。复位电路能实现上电复位功能。晶振电路能为单片机工作提供稳定的时钟信号。

(3)放大整形电路采用 OP07 这款经典的运算放大器和 LM339 电压比较器。周期信号经过运算放大器 OP07 放大处理后,再通过比较器 LM339 整形输出方波,单片机通过定时器计算出 1 s 时间内的方波数量,即可得到周期信号的频率。

频率显示模块采用 LCD1602 液晶显示器,能够满足常见数字、字母、符号的显示,使用简单,通用性强。周期信号的频率在 LCD1602 模块上显示。

(4)单片机程序下载是通过 JTAG 接口实现的。JTAG 首先是一种国际标准测试协议(IEEE 1149.1 兼容),主要用于芯片内部测试。JTAG 还常用于实现 ISP,对 FLASH 等器件进行编程。在线编程的流程为先固定器件到电路板上,再用 JTAG 编程,而不必取下芯片,从而大大加快工程进度。10 引脚的 JTAG 接口及引脚如图 6 - 11 所示。

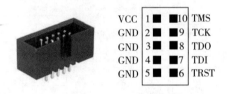

图 6 - 11 10 脚的 JTAG 接口及引脚

其中,各引脚的定义:

VCC:接口信号电平的参考电压;

TRST:可选,用于系统复位;

TDI:数据串行输入口;

TDO:数据输出接口;

TCK:基本的时钟信号;

TMS:模式选择输入信号。

6.3.3 元器件清单

频率计电路元器件清单见表 6 - 3 所列。

表 6 - 3 频率计电路元器件清单

元器件名称	型 号	数 量	元器件名称	型 号	数 量
单片机	AT89S51	1	液晶	LCD1602	1
瓷片电容	30 pF	2	电位器	10kΩ	1
电解电容	10 mF	1	运算放大器	OP07	1
排阻	4.7 kW	1	电压比较器	LM339	1

（续表）

元器件名称	型　号	数　量	元器件名称	型　号	数　量
晶振	12 MHz	1	电阻	10 kW	3
电容	100 mF	1	电阻	100 kW	1
电容	0.1 mF	1	排针	2.54 mm	若干

6.3.4　实验内容

（1）在 Altium Designer 软件中绘制实验原理图；

（2）在原理图基础上绘制 PCB 版图；

（3）利用 Altium Designer 软件转换生产的 Gerber 图层和钻孔文件，导入到视频雕刻一体机中进行钻孔，雕刻及割边；

（4）检查 PCB 是否加工完好，并利用元器件焊接 PCB。

6.4　函数发生器的设计与制作

6.4.1　实验目的

（1）了解函数发生器的功能及特点。

（2）学习利用软件设计函数发生器电路的原理图和 PCB 版图。

（3）进一步掌握波形参数的测试方法。

6.4.2　实验原理

ICL8038 是具有多种波形输出的精密振荡集成电路，是单片集成函数信号发生器，只需调整集成电路周围个别的外部元件就能产生从 0.001 Hz～300 kHz 的低失真正弦波、三角波、矩形波等脉冲信号。输出波形的频率和占空比还可以由电流或电阻控制。另外，由于该芯片具有调频信号输入端，所以可以用来对低频信号进行频率调制。

ICL8038 的主要性能指标：

（1）可同时输出任意的三角波、矩形波和正弦波等；

（2）频率范围：0.001 Hz～300 kHz；

（3）占空比范围：2%～98%；

（4）正弦波失真度：0.1%；

（5）最高温度系数：$\pm 250 \times 10^{-6}$℃

（6）三角波输出线性度：0.1%；

（7）工作电源：$\pm 5 \sim \pm 15$ V 或者 $+10 \sim +30$ V。

ICL8038 芯片原理框图如图 6-2 所示。它由恒流源 I_1 和 I_2、电压比较器 A 和 B、触发器、缓冲器和三角波变正弦波电路等组成。图中的外接电容 C 由两个恒流源充电和放电，电压比较器 A、B 的阀值分别为电源电压（指 $V_{CC} + V_{EE}$）的 2/3 和 1/3。恒流源 I_1 和 I_2 的大小可通过外接电阻调节,但必须 $I_2 > I_1$。当触发器的输出为低电平时,恒流源 I_2 断开,恒流源 I_1 给 C 充电,它的两端电压 U_c 随时间线性上升,当 U_c 达到电源电压的 2/3 时,电压比较器 A 的输出电压发生跳变。

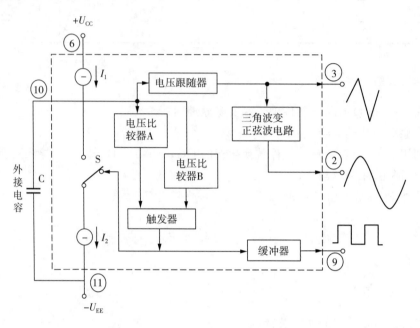

图 6-12　ICL8038 芯片原理框图

当触发器输出由低电平变为高电平,恒流源 I_2 接通,由于 $I_2 > I_1$(设 $I_2 = 2I_1$),恒流源 I_2 将电流 $2I_1$ 加到 C 上反充电,相当于 C 由一个净电流 I 放电,C 两端的电压 U_c 又转为直线下降。当它下降到电源电压的 1/3 时,电压比较器 B 的输出电压发生跳变,使触发器的输出由高电平跳变为原来的低电平,恒流源 I_2 断开,I_1 再给 C 充电,……,如此周而复始,产生振荡。

若调整电路,使 $I_2 = 2I_1$,则触发器输出为方波,经反相缓冲器由管脚⑨输出方波信号。C 上的电压 U_c 上升与下降时间相等,为三角波,经电压跟随器从管脚③输出三角波信号。将三角波变成正弦波是经过一个非线性的变换网络(正弦波变换器)而得以实现,在这个非线性网络中,当三角波电位向两端顶点摆动时,网络提供的交流通路阻抗会减小,这样就使三角波的两端变为平滑的正弦波,从管脚②输出。ICL8038 管脚图如图 6-13 所示。

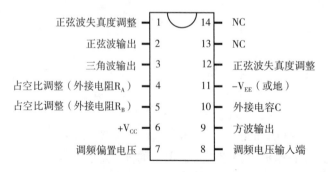

图 6-13　ICL8038 管脚图

图 6 - 14 为 ICL8038 应用电路的基本接法。其中,由于该器件的矩形波输出端为集电极开路形式,因此一般需要在管脚 9 与正电源之间接一个电阻 R,其阻值在 10 kW 左右;电阻 R_A 决定电容 C 的充电速度,R_B 决定电容 C 的放电速度,电阻 R_A,R_B 的值可在 1 kΩ~1 MΩ内选取,电位器 R_P 用于调节输出信号的占空比;10 脚外接一定值的电容 C;图 6 - 13 中 ICL8038 的 7 脚和 8 脚短接,即 8 脚的调频电压由内部供给,在这种情况下,由于 7 脚的调频偏置电压一定,所以输出信号的频率由 R_A,R_B 和 C 决定,其频率 f 为

$$f = \frac{3}{5R_A C \left(1 + \frac{R_B}{2R_A - R_B}\right)} \tag{6-1}$$

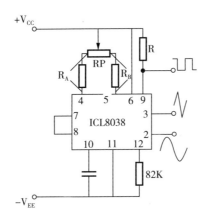

图 6 - 14　ICL8038 应用电路基本接法

当 $R_A = R_B$ 时,所产生的信号频率为

$$f = \frac{0.3}{R_A C} \tag{6-2}$$

若用 100 kΩ 电位器代替图中 82 kΩ 的电阻,调节它可以减小波形的失真度,若要进一步减小正弦波的失真度,可采用图 6 - 15 所示的调整电路。调整该电路可以使正弦波的失真度小于 0.8%。调频扫描信号输入端(8 脚)容易受到信号噪声及交流噪声的影响,因而 8 脚接一个 0.1 mF 的去耦电容。调整图中左边的 10 kΩ 电位器,正电源 V_{CC} 与管脚 8 之间的电压(即调频电压)变化,因此该电路是一个频率可调的函数发生器,其频率为

$$f = \frac{3(V_{CC} - U_{in})}{V_{CC} - V_{EE}} \frac{1}{R_A C} \frac{1}{1 + \frac{R_B}{2R_A - R_B}} \tag{6-3}$$

当 $R_A = R_B$ 时,所产生的信号频率为

$$f = \frac{3(V_{CC} - U_{in})}{V_{CC} - V_{EE}} \frac{1}{2R_A C} \tag{6-4}$$

式中,U_{in} 为 8 号引脚的电位。

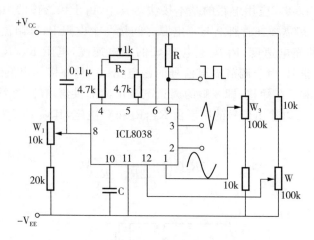

图 6-15　频率可调、失真度小的函数发生器

需要注意的是，ICL8038 既可以接 10～30 V 范围的单电源，也可以接±5～±15 V 范围的双电源。接单电源时，输出三角波和正弦波的平均值正好是电源电压的一半，输出方波的高电平为电源电压，低电平为地。接电压对称的双电源时，所有输出波形都以地对称摆动。ICL8038 实验电路图如图 6-16 所示。

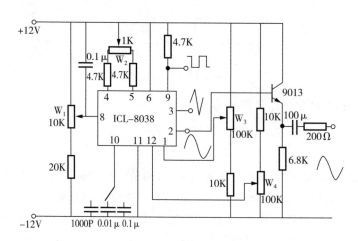

图 6-16　ICL8038 实验电路图

6.4.3　实验器材

示波器一台；信号发生器一台；毫伏表一台；雕刻机一台；万用表一台；ICL8038、电位器、电阻器、电容器若干。

6.4.4　实验内容

（1）按图 6-16 电路图设计出函数发生器的原理图和 PCB 图；
（2）利用雕刻机雕刻出函数发生器的 PCB 电路板；
（3）检查 PCB 板是否有误，焊接 PCB 板；

(4)调试电路。通过函数发生器产生各种波形,通过示波器将测量值与预设波形参数进行误差分析。

(5)撰写实验报告。

6.5 电子闹钟的设计与制作

6.5.1 实验目的

(1)了解电子闹钟的原理;

(2)学习利用软件设计电子闹钟中各电路的原理图和 PCB 版图;

(3)学习在雕刻机上雕刻出电子闹钟的 PCB 电路板、焊接电路。

6.5.2 实验原理

1. 电子闹钟简介

电子闹钟能够显示年、月、日、星期、时、分、秒,可以通过键盘调整年、月、日、时、分、秒,设置和关闭闹钟。电子闹钟电路结构如图 6-17 所示,包括单片机最小系统、时钟芯片 DS1302、LCD 显示模块、键盘和蜂鸣器。单片机读取 DS1302 中的时间信息,通过显示模块显示出来,并且通过键盘可以实现时间的调整和闹钟设置功能,闹钟到时间后蜂鸣器鸣响。

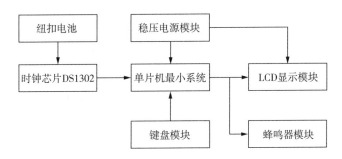

图 6-17 电子闹钟电路结构

2. 电子闹钟原理图

电子闹钟电路原理图如图 6-18 所示。本设计控制部分的核心器件采用 AT89S51 单片机;计时采用 DS1302 时钟芯片,采用独立电源,能够不间断工作;显示部分采用 LCD1602 液晶显示,能够直观地显示字母和数字。DS1302 芯片是一种高性能的时钟芯片,低功耗,可自动对秒、分、时、日、周、月、年以及闰年补偿的年进行计数,输出的时间信号为数字信号,具有较强的抗干扰能力,而且与单片机连接简单。单片机通过 DS1302 和液晶显示、键盘实现时间调整、闹钟设置等功能。电路主电源采用稳压电源(干电池和稳压芯片 7805),备用电源采用纽扣电池。除 DS1302 采用主电源和备用电源供电外,其他电源采用稳压电源供电。当主电源关闭时,DS1302 采用备用电源供电,以保证 DS1302 持续不间断计时。电路原理图中标号相同的端口相连接。

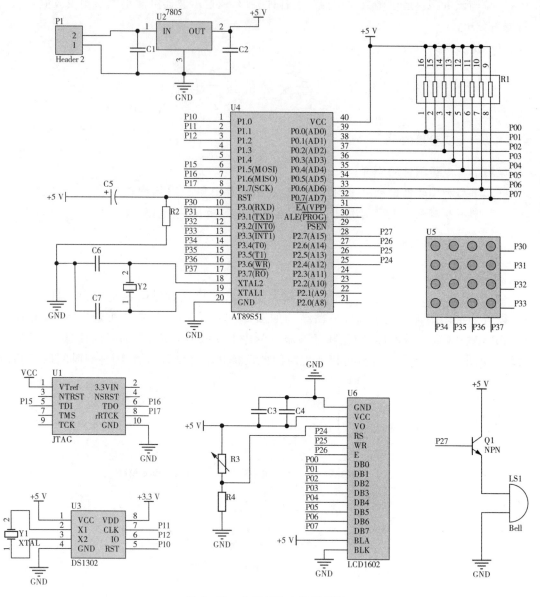

图 6-18　电子闹钟电路原理图

6.5.3　元器件清单

电子闹钟电路元器件清单见表 6-4 所列。

表 6-4　电子闹钟电路元器件清单

元器件名称	型　号	数　量	元器件名称	型　号	数　量
单片机	AT89S51	1	键盘	4×4	1
瓷片电容	30 pF	2	液晶	LCD1602	1

（续表）

元器件名称	型　号	数　量	元器件名称	型　号	数　量
电解电容	10 mF	1	电位器	10 kΩ	1
排阻	4.7 kΩ	1	蜂鸣器	XB2B	1
晶振	12 MHz	1	时钟芯片	DS1302	1
电容	100 mF	1	三极管	2N2221	1
电容	0.1 mF	1	电阻	10 kΩ	3
稳压芯片	LM7805	1	电阻	100 kΩ	1
电解电容	0.22 mF	1	晶振	32.768 kHz	1
电解电容	0.1 mF	1	排针	2.54 mm	若干
电解电容	100 mF	1			

6.5.4　实验内容

（1）查阅资料了解电子闹钟原理。

（2）利用软件设计电子闹钟中各电路的原理图和 PCB 版图。

（3）在雕刻机上雕刻出电子闹钟的 PCB 电路板。

（4）检查 PCB 板是否有误，焊接 PCB 板。

（5）调试电路。按原理图连接不同模块，在调试过程中，若 LCD 没有显示，可改变 LCD 显示模块中的滑动变阻器 Rp 的阻值，从而改变 LCD 的对比度，直至显示数值。通过键盘调整时间、设置闹钟。

（6）撰写实验报告。

6.6　调频调幅收音机的设计与制作

调频调幅收音机采用频率稳定的晶体元件，采用收音机集成芯片制作而成，结构简单，装配调试简单，只要安装无误，即可收到调频、调幅电台的广播，所制作收音机声音洪亮、选择性好。

6.6.1　收音机工作原理

收音机是接收无线电广播发送的信号，并将其还原成声音的机器，根据无线电广播种类即调幅广播（AM）和调频广播（FM）的不同，接收信号的收音机的种类也不同，即调频收音机和调幅收音机。既能接收调幅广播又能接收调频广播的收音机称为调幅调频收音机。

1. 调幅工作原理

调幅收音机由输入回路、本振回路、混频电路、检波电路、自动增益控制电路（AGC）及音频功率放大电路组成。本振信号经内部混频器，与输入信号混合。混频信号经中放和 455 kHz 陶瓷滤波器构成的中频选择回路得到中频信号。至此，电台的信号就变成了以中频

455 kHz 为载波的调幅波。调幅工作原理如图 6-19 所示。

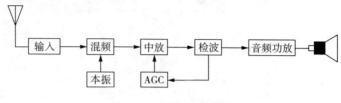

图 6-19　调幅工作原理

2. 调频工作原理

调频收音机由输入回路、高放回路、本振回路、混频回路、中放回路、鉴频回路和音频功率放大器组成。信号与本地振荡器产生的本振信号进行 FM 混频，然后输出。

FM 混频信号由 FM 中频回路进行选择，提取以中频 10.7 MHz 为载波的调频波。该中频选择回路由 10.7 MHz 滤波器构成。中频调制波经中放电路进行中频放大，然后进行鉴频得到音频信号，经功率放大输出，耦合到扬声器，还原为声音，如图 6-20 所示。

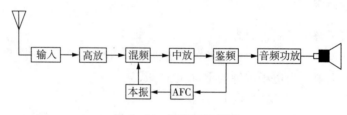

图 6-20　调频工作原理

6.6.2　收音机电路原理图

调频调幅收音机的电路原理图如图 6-21 所示。该电路主要由五部分组成，分别是高频振荡器、调谐回路、中频放大器、自动增益控制电路和功率放大级。下面分别对这五部分功能进行介绍。

1. 高频振荡器

当两个不同频率的正弦交流电通过非线性器件时（例如三极管或二极管），就会产生许多新的频率成分，其中之一就是这两个频率的差频。为了达到变频的目的，收音机必须自身有一个产生等幅波的高频振荡器，这个振荡器就叫作本机振荡器，简称"本振"。从输入回路接收的调幅信号（电台）和本机振荡器产生的高频等幅信号一起送到一个三极管高频放大器。为了产生新的频率成分，使三极管工作在非线性区，这样在三极管的输出端就会产生许多新的频率成分，当然，其中就有所需的差频。我们把这一过程称为"变频"。为了得到一个固定的差频，本振频率必须始终比输入信号的频率高一个固定值，我国工业标准规定该频率值为 465 kHz。以上三种频率之间的关系可以用下式表达：

$$本机振荡频率 - 输入信号频率 = 中频$$

2. 调谐回路

由于中频信号的频率固定不变而且比高频略低，所以它比高频信号更容易调谐和放大。

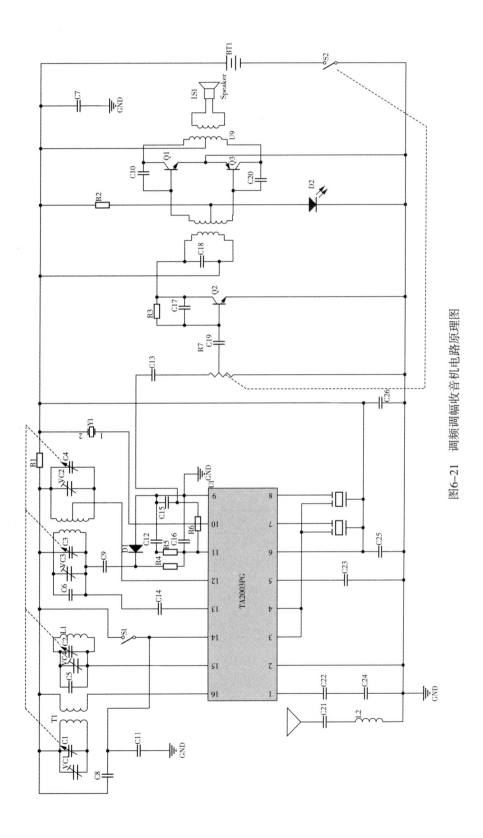

图6-21　调频调幅收音机电路原理图

通常,中放级包括 1～2 级放大及 2～3 级调谐回路,这与直放式收音机相比,有调谐回路的收音机灵敏度和选择性都提高了许多。

3. 中频放大器

收音机的灵敏度和选择性在很大程度上取决于中放级性能的好坏。检波与 AGC 电路经过中放后,中频信号进入检波级,检波级也要完成两个任务:一是在尽可能减小失真的前提下把中频调幅信号还原成音频。二是将检波后的直流分量送回到中放级,控制中放级的增益(即放大量),使级不致发生削波失真。由于各电台的发射功率大小不同,电台距离收音机的远近也相差很大,所以它们在收音机天线中产生的感应电压也相差悬殊,强弱之间可能相差上万倍。

4. 自动增益控制电路

如果收音机对这些信号都一视同仁地放大,结果强台的音量就会很大,而弱台的音量则会非常小。显然为了平衡强弱之间的差异,必须使整机的增益(放大量)能自动地进行控制。通常的解决方法是通过调整中放级的工作点(集电极电流)。电台信号强时,把中放级的电流调小,使这一级的增益降低;相反,电台信号弱时将中放级的电流适当调大,使它的增益增加。完成这种作用的电路通常称为自动增益控制电路,简称 AGC(automatic gain control)电路。低频前置放大级也称电压放大级。从检波级输出的音频信号很小,只有几毫伏到几十毫伏。电压放大的任务就是将它放大几十至几百倍。

5. 功率放大级

电压放大级的输出虽然可以达到几伏,但是其带负载的能力太差,这是其内阻较大造成的,只能输出不到 1 mA 的电流,所以还要再经过功率放大电路才能推动扬声器还原声音。

6.6.3　元器件清单

调频调幅收音机的元器件清单见表 6−5 所列。

表 6−5　调频调幅收音机的元器件清单

序　号	名　称	数　量	序　号	名　称	数　量	序　号	名　称	数　量
1	电阻器	7	12	变容二极管	1	23	小轮	1
2	电位器	1	13	二极管	1	24	不干胶圆片	1
3	圆片电容	17	14	三极管	3	25	细线	6
4	电解电容	6	15	波段开关	1	26	IC	1
5	四联可变	1	16	Φ3 焊片	1	27	IC 座	1
6	空心线圈	3	17	Φ2.5 丝杆	4	28	电路板	1
7	中周	1	18	Φ3×3 自攻丝	1	29	拉杆天线	1
8	变压器	2	19	拉杆天线螺丝	1	30	说明书	1
9	磁棒线圈	1	20	电位器螺丝	1	31	机壳带喇叭	1
10	磁棒支架	2	21	正极片	2	32	大轮	1
11	滤波器	3	22	负极弹簧	2			

6.6.4 实验内容

(1)安装四联可变电容器。四联可变电容器有 7 个焊条,其中有 2 个焊片并在一起插入带"双"字的空中。插好后,用 2 支螺丝固定好,焊好 6 个焊点。

(2)安装波段开关、IC 座、变压器、中周、电阻、二极管、三极管、空心线圈、滤波器、圆片电容、电解电容、电位器,最后安上磁棒支架,插上磁棒,套上线圈,线圈的头要从对应的空中穿过并焊好。

(3)电阻、二极管都是平装,紧贴电路板,其他元件也要尽可能靠近电路板,不要把元件引脚留得太长。

(4)焊点要圆滑,不要留有虚焊和短路,焊完后,用 6 条引线连上喇叭、电池的正负极片和固定在后壳上的拉杆天线。

(5)在电位器的转柄上安装小拨轮,在四联的转柄上安装大拨轮,参考刻度盘在大拨轮上贴上带红线的圆片。

(6)调试。

① 调幅波段的调整步骤

a. 四联可变电容器 C_{1-1}、C_{1-2} 及上面带的微调 C_1、C_2 和电路中的磁性天线 B_1、中周 B_2 用来调整调幅波段,故首先把四联上带的微调电容 C_1 和 C_2 预调制到 90°位置上。

b. 将四联可变电容器旋转至容量最大值,即接收频率的最低端(535 kHz),调整中频电压器 B_2 的磁芯,使收音机能接收到信号源输出的 535 kHz 的调幅信号,然后移动磁棒上的线圈位置,使声音最大,用蜡将线圈封住,不能让线圈再移动位置。

c. 将四联可变电容器旋转至容量最小位置,即接收频率的最高端(1606 kHz),然后调整可变电容器上带的微调电容 C_2,使收音机能接收到信号源输出的 1606 kHz 的调幅信号,然后调整 C_1 使声音最大即可。

② 调频波段的调整步骤

a. 四联可变电容器的 C_{1-3}、C_{1-4} 及上面带的微调 C_3、C_4 和空心线圈 L_3、L_2 用来调整调频波段,首先将四联可变电容器上带的微调 C_3 和 C_4 预调至 90°位置上。

b. 将四联可变电容器旋转至容量最大值,即接收频率的最低端(88 MHz),调整 L_3,即用竹片做成的无感改锥调整空心线圈 L_3 的匝间距,使收音机能接收到信号源输出的 88 MHz 的调频信号。

c. 将四联可变电容器旋转至容量最小位置,即接收频率的最高端(108 MHz),然后调整可变电容器上带的微调电容 C,使收音机能接收到信号源输出的 108 MHz 的调频信号。反复进行第(2)步和第(3)步,达到满足频率覆盖要求即可。

d. 调整 90 MHz 灵敏度。调整电路中的 L_2(即 4.5 T 空心线圈),使收音机能接收到信号源输出的 90 MHz 的调频信号,且失真最小。

e. 调整 100 MHz 灵敏度。调整可变电容器上带的微调电容器 C_4,使收音机能接收到信号源输出的 100 MHz 的调频信号,且失真最小。反复调整第(4)步和第(5)步,直到满足要求为止。

(7)撰写实验报告。

参 考 文 献

[1] 崔政斌,石跃武. 用电安全技术[M]. 北京:化学工业出版社,2009.

[2] 赵广林. 常用电子元器件识别/检测/选用一读通(第2版)[M]. 北京:电子工业出版社,2011.

[3] 吴建明,张红琴. 电子工艺实训教程[M]. 北京:机械工业出版社,2008.

[4] 高家利,杨渠,汪科. 电工电子实训教程[M]. 成都:西南交通大学出版社,2014.

[5] 毛志阳,马东雄. 电工电子实训[M]. 北京:中国电力出版社,2012.

[6] 王怀平,管小明,冯林等. 电工电子实训教程[M]. 北京:电子工业出版社,2011.

[7] 王天曦,李鸿儒. 电子技术工艺基础[M]. 北京:清华大学出版社,2009.

[8] 刘宏. 电子工艺实习[M]. 广州:华南理工大学出版社,2009.

[9] 聂国健,谢宽,张棠清,等. SMT生产线的智能质量优化技术应用与进展[J]. 电子产品可靠性与环境试验,2020.

[10] 赵升吨,贾先. 智能制造及其核心信息设备的研究进展及趋势[J]. 机械科学与技术,2017,36(1):1-16.

[11] 杜江淮. SMT表面贴装技术工艺应用实践与趋势分析[J]. 电子技术与软件工程,2016(7):99-100.

[12] 马勇平. 光栅投影相位测量轮廓术在SMT锡膏三维检测中的应用研究[J]. 电子质量,2015(6):4.

[13] 郭志雄. 电子工艺技术与实践(第2版)[M]. 北京:机械工业出版社,2020.

[14] 鲜飞. 焊膏印刷工艺技术的研究[J]. 印制电路信息,2007(8):55-63.

[15] 赵敏. 表面组装电子组件质量控制[J]. 电子工艺技术,2000(6):255-256,267.